中国百年灾害回眸丛书

天堂炼狱

夏明方　康沛竹　主编

中国社会出版社
国家一级出版社　全国百佳图书出版单位

图书在版编目（CIP）数据

天堂炼狱 / 夏明方，康沛竹主编. --北京：中国社会出版社，2014.12

（中国百年灾害回眸）

ISBN 978-7-5087-4895-5

Ⅰ. ①天… Ⅱ. ①夏… ②康… Ⅲ. ①灾害－历史－中国－1932~1947 Ⅳ. ① X4-092

中国版本图书馆 CIP 数据核字（2014）第 272684 号

丛 书 名：中国百年灾害回眸
书 名：天堂炼狱
主 编：夏明方 康沛竹

出 版 人：浦善新
终 审 人：张铁纲
责任编辑：杨春岩 陈贵红 责任校对：路 广

出版发行：中国社会出版社 邮政编码：100032
通联方法：北京市西城区二龙路甲33号
电 话：编辑部：（010）58124828
邮购部：（010）58124845
销售部：（010）58124829
传 真：（010）58124870
网 址：www.shcbs.com.cn

经 销：各地新华书店

印刷装订：中国电影出版社印刷厂
开 本：145mm × 210mm 1/32
印 张：4.875
字 数：80千字
版 次：2015年1月第1版
印 次：2015年1月第1次印刷
定 价：15.00元

社会传媒

目录
Contents

一　洪流漫卷哈尔滨

——1932 年哈尔滨大水灾

1932 年 6 月到 8 月，“九一八”事变的枪声未及一年，松花江流域的千百万同胞又遭遇了历史上罕见的大洪水。东北重镇哈尔滨市没于水中达一月之久。全市 38 万居民中，约 24 万人受灾，2 万多人丧生，12 万人颠沛流离，经济损失至少 2 亿银元。

这是哈尔滨前所未有的浩劫，是 20 世纪东北地区为数不多的大水灾之一。

雨气入北满

在大兴安岭、小兴安岭和长白山脉的三面环抱之中，有一片辽阔富饶的平原——松嫩平原，源出大兴安岭的嫩江下游河道和长白山脉的第二松花江，分别从东北和西南相向而流，几乎成一直线横跨平原区，并在三叉河汇合后折向西北，流过山间谷地，流过三江平原，迤逦注入黑龙江。这条长达939公里的水系就是东北地区最大的河流——松花江。美丽的哈尔滨市就坐落在距离嫩江口245公里处的干流沿岸。

松花江干支流主要经行于平原之上，流域面积辽阔，地形平坦，沼泽众多，河床比降较小，河槽调蓄能力很大，所以发生在这里的洪水传播速度往往非常缓慢，从嫩江的阿彦浅至哈尔滨，洪水传播时间需23～30天；从第二松花江的丰满至哈尔滨，洪水传播时间也需要15天。至于其他的支流，如拉林河、蚂蚁河、牡丹江、呼兰河和汤旺河等，坡度较大，江流亦较快，但一般不构成松花江干流洪水的主要来源。因此，尽管由于河床比降小，使洪水宣泄不畅，易致洪涝灾害，但如果不是在不同地区先后发生较大的降水，致使干支流洪水同时遭遇，而仅仅是流域内的一条河流或一个地区发生洪水，或是一次全流域性的普遍降水，都很难在松花江干流兴风作浪，形成大洪水。松花江流域以其宽广的胸怀为沿岸居民默默地消减了一次又一次天降之祸。

天有不测风云。从1932年6月下旬到8月中旬，整个松花江流域均处在东高西低的环流形势控制之下，太平洋副热带高压位置偏西偏北，而1008百帕等压线又持续稳定地盘踞在我国东部沿海及日本海一带，高压中心强度高达1013百帕，于是，在黄河流域生成的大陆低气压只能不断向东北地区移动。

与此同时，自太平洋经菲律宾群岛进入我国沿海一带的台风，仅7月、8月间就出现了8次。频繁的台风活动，迫使太平洋副热带高压北上，一方面阻挡了低压东移出海的途径，一方面又携带了大量的暖湿空气随副热带高压的西北边缘向北输送，冷暖空气不断交换，使松花江流域出现了长时间的阴雨和暴雨天气。出现了“雨气入北满”的罕见天象。

雨区遍及整个松花江流域及乌苏里江西侧支流和额尔古纳河的部分支流。尤其是7月份几乎天天有雨，哈尔滨市7月份降雨日数达26天，其他各地降雨日数也在20天以上。而且一些地区包括齐齐哈尔和昂昂溪两地，其最大日降雨量甚至大于或接近多年月平均降雨量，牡丹江7月31日的降雨量还是多年月平均降雨量的1.26倍，而同月哈尔滨的降雨量则接近年降雨量的多年平均值，其他地区7月份降雨量一般也都比同期多年平均降雨量大1倍以上。据测算，7月份降雨量在200毫米以上的雨区总面积超过50万平方公里，接近松花江流域的总面积，其中月雨量达300毫米以上的雨区面积超过12万平方公里。

昔日雍容大度的松花江干支流，再也容纳不下没完没了的雨水。从6月下旬开始，嫩江及其支流诺敏河、阿伦河、音河、雅鲁河、绰尔河、汤旺河、乌苏里江西侧支流穆棱河和挠力河、绥芬河，以及额尔古纳河的部分支流海拉尔河、乌尔逊河等均出现了洪水。松花江洪水也较正常年份偏大。嫩江及松花江各支流洪水相继汇入干流，特大洪水不期而至。

翻开尘封在黑龙江省档案局的伪满史料《黑龙江省各县水灾区域状况表》，惊心动魄的洪涛巨浪便滚滚而来。

讷河县：7月21日起大雨如注，旬日不晴，江河泛滥，平地水深五六尺。西面城壕冲坏，官署民房倾塌甚多，而拉哈站受灾情形较之县城尤甚，人民奔避者无数，损失最大。

甘南县：自7月8日，大雨连绵，四处漫溢，全境除山地、岗田外，一片汪洋，尽成泽国。20日，雨如瓢泼，较前尤大，至21日午前，竟将所筑防水土坝冲毁，顷刻之间，城内水深四五尺不等，商民逃水求救，哭号之声，不忍听闻。

龙江县：齐台乡东北银河（音河）及甘南大水泉子近口水涨出槽，流至霍尔台屯，平地水深3尺，注地尤甚，道路断绝，淹没20余村屯。又东北堤坝延长40余里，水势漫顶，闸被冲刷一洞，急流奔窜，淹没16屯，附近房屋倒塌无数。

依安县：5月16日迄今，两月有奇，大雨滂沱，沟渠为之溢满，平地水深数尺，禾稼淹没，房垣坍塌不可胜数，商民叫苦达于田野，境内村庄同罹淹浸。县城城壕西南北三面被水冲开数孔，巨浪汹涌激荡有声，而低洼田亩历年筑建堤防，被水冲漫决，时有所闻。

大赉县：洮儿河河水泛滥，淹没永庆升三乡，遍地是水，一片汪洋，人民有溺毙者，有转徙流离者……

绥滨县：阴雨3月，积水成渠，松花江水势涨溢，堤坝冲刷，全城水满，陆地行舟，全县悉被淹没。

据不完全统计，是年黑龙江省大部及今吉林、内蒙古两省区沿江地区共64个县市（旗）被淹，耕地受灾面积3000余万亩。东北全境几乎一片汪洋。

水淹哈尔滨

奔流突泻的洪水从四面八方涌向哈尔滨。

自7月初起，嫩江干支流各河均开始起涨，流域内所有市、县、村、屯尽遭水患。洪水缓缓注入松花江干流。

第二松花江、拉林河亦自6月、7月间起涨，并在7月末和8月4日先后达到最高水位。这些河流，坡陡流急，其洪水与上游嫩江7月下旬的洪水遭遇后，浩浩荡荡，直奔哈尔滨。

同样于6月、7月间起涨的蚂蚁河、牡丹江等，也是在8月4日前后出现洪峰，洪水在依兰附近汇入松花江。由于当地著名的“三姓浅滩”的天然阻滞，大部分洪水壅塞于哈尔滨的下游河道而无以宣泄。

大约从7月下旬开始，哈尔滨的水位即逐日提升。7月29日后越发凶险异常，往往一日之间猛涨一二尺。及至8月5日，水位已经突破1750年以来的最高纪录，而且依然盛涨无已。沿江堤坝，几于水平。

一则由于各市区地形地势高低不一，一则由于长期的日俄分治和军阀割据所遗留下来的“经界未定”和“政令不一”（即道外和江北分属吉黑两省，道里与南岗及其他地区又分属哈尔滨特别市和所谓的东省特别区市政管理局），防洪不力，在汹涌四至的洪水夹击之下，一座完整的哈尔滨市终于被击破。

8月2日夜，江北被淹。

暴涨的江水冲决了年久失修的土堤，源源而入，十五、十六道街3000余贫户被迫移居二十道街江堤高地，但日军司令部却以防止奸人混迹其中为借口，命令滨江警备司令部将灾民驱逐而去。

8月4日，江北马船口决堤。

两万多居民仓促间不知所措，纷纷逃向屋顶避难。洪水灌满街市后，又径直向呼兰县冲去。自马船口以北约70公里之遥，除呼海路松浦站附近有两三处房屋还能看见屋根外，余皆水波浩淼，一望无涯。大批难民流落江南，号呼转徙。

8月7日拂晓5时25分，哈尔滨道外十一道街正面江堤突然溃崩100米，5时30分，九道街又有50米堤段相继溃堤决口。江水排山倒海而来，锣声四起，喊声惊天。不到数小时，傅家甸就有4/5没于水中，各街道水深自三四尺至一丈四五不等。当时的调查显示：

罹灾房屋之不能居住者：19060余户；

罹灾居民：共男女92310余名；

死亡者：约50余名；

避难于楼上者：30171名；

急需于救济者：4193名；

倒毙家畜：约200余头；

倒塌房屋：1104间。

8月8日，道里漫溃。起初，洪水从顾乡屯方面荡漾而来，偏脸子地方首当其冲。继而大雨倾盆而下，风吹雨急，据传有二三名小孩竟然被雨水浇死。及至午后，水势愈猛，而且一分为二，一由斜纹街漫向炮队街，一由水上俱乐部从东南方漫溢而至，两股大溜迎头相遇，顿将道里全市化为水城。至10日晨6时，区内各主要街道如中央大街、新城大街、石头道街、中国十三道街、透笼街、买卖街等，无不漫及，水深二三尺、四五尺不等，舟行街上，工商歇业。

长驱直入的洪水使全市大约12万人流离失所。当时，只有南岗以及其他少许地方因为地势较高而免遭洪水袭击，但是由于市内通向东、西、南、北的各条铁路干线一时间全部中断，洪水消退过程又十分缓慢，这座水中孤岛便成为各处被淹灾民唯一的避难场所，这里灾民总数在5万人以上。

事后，由哈尔滨伪政府编纂的《壬申哈尔滨水灾纪实》一书，有一段这样的记载：

此次之水，其势既洪，其来也骤，居民于睡眼蒙眬中遭此巨浸，首以逃命为先。所有财帛家具，均无携取之暇，即向南岗高阜之安全地带，潮涌而来。其中除少数投奔戚友外，大部则不得不露宿田野之间。露宿最多之处，尤推傅家甸迤南之极乐寺及文庙附近。由此鳞次栉比，直至大直街之北端、山街两侧及霁虹桥附近。其中有无一席以庇风雨者，几似人间地狱，殊堪酸鼻也。

还有不少居民不愿搬迁，便临时栖居楼上，权且避难。8月9日早晨6时许，大水浸泡中的道外十一道街天一堂药店突然起火，火势迅速蔓延到东邻隆昌号绸缎庄的水上部分，附近机关、商店、工厂，凡暴露在洪水之上的屋舍棚垣，也都很快卷入到大火之中。一时间，尚未逃离水区的灾民和替东家看管财物的帮工店员，无论男女少壮，纷纷跳入水中，“老弱者登窗呼号，状极可悲”。

非仅此也。

由于洪水积久不退，水质恶化，“虎列拉”随之猖獗起来。先前在水中楼房临时居住的大多数灾民，此时也只好向高地迁移。空地之上，一间间由苇席板片搭成的小屋迅速连成一片，宛若集市，理发店、饭馆、杂货店等，无一不备；牛马鸡犬之属，亦随之俱来。空中蚊蚋成群，地面人畜麇集，污秽混杂，加以淫雨淋漓，到处流播，瘟疫在急剧地扩散。

从 8 月 28 日开始，天然痘、白喉、窒扶斯、猩红热、麻疹、赤痢等各种传染病，纷至沓来，患者死亡率高达 40% 以上。极乐寺附近曾在一日之中发现 13 人染病，同时收容的尸体也有 11 具。

据日伪当局统计，整个洪水期间，哈尔滨全市患“虎列拉”的共有 621 人，死亡 248 人，路毙者 149 人；患其他传染病的 168 人，死亡 62 人。

很显然，这是一个被极大缩小了的数字。

1932 年的哈尔滨不仅化为水城，而且也变成了疫城。

谁挽沉浮

作为东北的水陆交通枢纽，横跨松花江两岸的商业重镇，哈尔滨的市政管理当局理应对危及其安全的洪水灾害有所防范。但由于政府的腐败和列强的掠夺造成了“四分天下”的市政状况，因此，哈尔滨的防洪建设从来也没有得到应有的重视。

当年的哈尔滨市，道里及八站一带并无堤防，只是以沿江而过的北满铁路的土基作为抵御洪水的屏障。道外傅家甸的江堤，起自许公路北端，止于十八道街，全长约 3600 米，但大都是在 1911 年修建的，其后仅在 1916 年和 1923 年略加培修。不仅许多堤段断面狭窄，堤后低洼，堤身质量也很粗糙。其中只有 1110 余米左右的堤段是用石块砌成的，堤上加培高 60 至 90 厘米不等的由红砖砌成的防水墙，其余则尽是土堤。即便是石堤，看起来构造坚固，但是由于从九道街至十八道街约 500 米长的堤身，所用石料及粘合材料失之粗砺，堤背所培土层又极其浅薄，所以实质上脆弱不堪。

与之相对的北岸，地势原本十分低下，却也只是依靠北满铁路西线路基权当江堤。其尽头还建有一座长 960 米的大铁桥，该桥南高北低，北岸标高是南岸的 2 倍多，所以一遇洪水，即遭泛滥，而北岸的路基又恰好阻挡了洪流的去势，结果使松花江正流偏向傅家甸方面，而且正对六道街至十八道街那一段最脆弱的堤防，其后果自然可想而知了。

虽然松花江水早就涨势不停，可当局诸公居然丝毫不以为意。直至 8 月 2 日江堤危在旦夕，大大小小的机关如滨江县政府、公安局、警备司令部、滨江市政筹备处、水上公安局、东北航务局及地方代表才在滨江市商会的召集下，举行会议研究防水办法。两小时后，哈尔滨市政筹备所又召集海军江运处、滨江市商会、航政局、特区市局、滨江市政筹备处的代表开会，匆匆成立了哈尔滨防水委员会。然而就在该委员会为防洪经费问题一筹莫展之际，滔滔洪水已经相继灌入两岸的市区，防水变成了纸上谈兵。防水委员会于11日合并到东省特别区是月7日成立的水灾非常委员会，官称哈尔滨水灾非常委员会。至此，哈尔滨防水委员会一共只存在了7天时间。

攻陷哈尔滨不到半年的日本关东军，首先要面对的是中国军民的抗日浪潮，因而更不可能对松花江洪患认真防范。8月5日12时，日军甚至将从江北逃来栖息在顾乡屯、香坊等几处高坡地势上的难民圈赶殆尽。之后，把新近装备部队的大炮，一字排开，进行实弹演习，“炮声隆隆，震动市内”。

虽然由日伪人员共同组成的哈尔滨水灾非常委员会，一再声称办理救济灾民、防水、防疫等事，但真正的目的却是要恢复和控制被大水冲乱了的社会秩序，即“先以维持市中之治安，为当务之急”。

道外决口前一天，哈尔滨市政筹备所即颁布公告，一面划定洪水决口后灾民的逃亡路线，一面严令灾民“在途中不得停留”，尤其是日本人居住的石头道街周围及南岗义州街以西，“非重要人员及与该处住户有亲族关系者，不得前往，普通灾民绝对不能闯入”，“以免日满人发生冲突”。

道外决口后，市政筹备所和日军驻哈尔滨司令官随即下令在市内各地张贴布告，向业已成为惊弓之鸟的市民和灾民提出严重警告：

> 尔市民等，其各安心静守，勿生他念。倘有不法之徒，敢于散播谣言，扰乱秩序，定即严重处罚，勿谓言之不先也。切切此布。

为此，日伪政权调出大批日伪军警，密布全市，加强戒备。同时，为笼络人心，还先后在文庙、跑马场、极乐寺等地设置了45处收容所收容难民。起先尚发放少许馒头，不久因限于经费，又改为小米及高粱米粥，和以少量腌菜白菜。发放人数也一减再减。下面的一段描述或许可以透视出被日伪津津乐道的这种“王道政治”的实质：

> 某日，有年在六十以上衣服褴褛之老翁一名，跑至该处（即收容所）监视员滨江县长李科

元面前跪下，高喊“老爷救命吧，我们一家大小，今天仅喝稀粥半碗，仍不能止住饥饿，请赏几张烙饼，好再多活几天”等语，言下泪洒，磕头触地不起，李县长急取领饼执照三张予之，老者至此方乃爬起，领得大饼后，浮苦笑而去。

二　百年黄河第一灾

——1933年黄河大洪水

长期以来，只要一说起中国的水患，人们首先想到的就是横贯北国大地的黄河，即所谓“中华水患，黄河为大”。然而，当我们稍稍认真地翻阅一下百余年的中国洪灾编年史，一个令人惊讶的事实便赫然凸显于眼前：这条几千年来一直桀骜不驯的百害巨龙，已经很少像先前那样暴虐恣睢了。而且不管是重灾发生的频率，还是由此造成的损失，如果仅仅从自然灾害的角度来立论，都无法与同期的长江水患相比。20世纪的黄河子民遭遇更多的是水资源带来的另一种灾害。

也正因为如此，1933年的黄河大水灾便占据了特别突出的位置。在20世纪的黄河水灾史上，这次洪灾无疑是其中生命财产损失最大的一次（5年后的花园口决口另当别论）。对此次黄灾造成的损失当时的《申报月刊》予以了详细的说明。

天河水动了

黄河之水天上来，奔流到海不复回——唐代大诗人李白的这段著名诗句，道出了黄河自天而下直达大海的雄伟气魄。但在这直上银河的黄河源头，却细流涓涓，水肥草美，恰似人间仙境。只是一旦穿溪越涧，汇成波涛澎湃的大河，进入流经沟壑纵横的黄土高原时，原本美丽的河流才骤然露出其狰狞恐怖的一面，成为名副其实的忧患之河。

黄土高原主要分布在今甘、宁、陕、晋等省区，远古时期这里也曾密布着森林和草地，在黄河穿过的地方，还形成一片片广阔的平川。数千年来，由于森林和草原不断遭到破坏，无情的暴雨山洪在缺少植被的地面上犁出一条条土沟，千沟万壑的黄土高原日益支离破碎，大量泥沙顺此而下，倾入黄河，使黄河成为世界上含沙量最高的河流，平均每年要将16亿吨泥沙搬运到下游和海中。而下游河道平坦辽阔，水流和缓，泥沙很容易淤积，日积月累，“善淤、善决、善徙”的黄河犹如“达摩克利斯之剑”高悬在人们头上。兼以河道所经之地正是华北大平原高耸的脊部，是淮、海两大水系的分水岭，故此一旦决口，狂暴的洪流一泻而下，北可到天津，南可至长江下游，辐射范围至少在25万平方公里以上。黄河河患之所以成为千百年中华民族的心腹大患，其有由哉！

大约从20年代初开始，因受全国气候干旱化的影响，黄河中下游地区连年遭受旱灾的袭击。一直到1932年，黄河已经经历了长达11年的枯水段，陕县水文站实测平均径流量仅相当于多年平均水量的75%。秦、陇、鲁、豫沿河各县不堪旱魃蹂躏的民众，纷纷前往裸露而肥沃的黄河河滩垦荒种地，“全活者甚众”，当地人称之为“天旱收滩”。1933年，漫长的枯水期总算是告一段落，不料却走向了另一个极端。从7月下旬开始，黄河中游地区连降大雨，一时间，山洪怒发，河水横溢，饱受旱灾之苦的人民又不得不忍受着一场数十年罕见的特大水灾的肆虐。

造成这次洪水的主要原因是5天之内两降暴雨。第一次发生在8月6日至7日凌晨，雨区遍及整个黄河中游地区；8月9日至10日，渭河上游和泾河中下游出现第二次暴雨。

暴雨的范围西自黄河上游的大夏河、庄浪河，向东经泾河、北洛河、清涧河、延水、无定河至山西的三川河、汾河，雨区面积是黄河中游有实测资料以来最大者。暴雨中心共有四个：一是渭河上游的散渡河、葫芦河；一是马连河的东西川；一是大理河、延水、清涧河中游一带；一是三川河及汾河中游。

暴雨的强度也是近百年来所未有的。清涧河的清涧站，5日至8日4天内降雨达255毫米；无定河的绥德站，8月6日一天降雨71毫米。泾河支流马连河畔的从宁县，“大雨如注，各河暴涨，洪水横流，漂没人畜无算”。

两场百年不遇的暴雨倾倒在赤裸裸的黄土高原上，汹涌的洪水携带着大量泥沙，汇入各支流。有资料显示，此次洪水使孟津以下至高村河段的黄河滩地共淤积泥沙约22亿吨，其中主槽冲刷6亿多吨，净淤积约15亿吨。

黄河水势随之陡涨，各暴雨中心区内，一般都发生了近50至100年间的最大洪水。8月9日，黄河干流洪峰与各支流洪水遭遇，在陕县形成了22000立方米／秒的特大洪峰，为1919年有实测资料以来最大的洪水，与历史上能够定量的洪水相比，仅次于1843年（清道光二十三年，36000立方米／秒）和1761年（清乾隆二十六年，超过83000立方米／秒）的大洪水。

人们纷纷传说这是天河水动了。

黄河漫决

被暴雨覆盖的黄河中游地区是这次大水灾最早的试验场。

从久旱的陕北一线向南延伸至泾渭河流域，陕西全省约40余县，自7月下旬以后，就因大雨普降而水势汹涌，洪水横流，渭北山区灾情尤为惨烈。洪流所经之地，不仅房屋全被冲毁，当地居民及往来行客也因逃避不及，淹毙者不下万余人。无以数计的尸体，被洪水裹挟到浐河、灞河交汇处，浮露于沿河滩地之上，惨不忍睹。西安城南著名的碌碡堰，俗有“冲破碌碡堰，长安不见面”之说，这一次也在洪水的冲击下崩毁了，以致省城南门以外，一片汪洋，“历十余日，水势始退”。陕西境内最大的水利工程泾惠渠各干渠，同样由于水势猛涨，多被冲坏。泾阳的桥底镇，发现流尸1000多具。黄河沿岸的平民县，县城西门楼及大多数庙宇民房均被暴涨的河水冲塌，从城东门外到邻近的山西省永济县，则成河床，水势之大，可以想见。

8月9日以后，黄河下游的广大地区又开始成为洪灾肆虐的中心。

首当其冲的是地处黄河北岸的河南温县。十余处几乎同时漫决的溃口，使该县东西约40余里，南北20余里的范围成为泽国，总计淹毁农田20万亩，倒屋2万多间，受灾人口2.7万余人。

郑州附近的平汉路（今京广铁路）黄河铁桥也不堪洪流的冲击而岌岌可危，曾两度交通中断。其时，河水于一昼夜之间飞涨8尺，致使水面与桥身相平。全桥第1孔至第29孔几乎完全被泥沙淤满，第68孔被冲坏，第77孔被冲向东偏移6寸。铁桥北端詹店车站被冲毁殆尽，附近农民为让洪水尽快向东泄流，被迫将铁路挖断8处，并把桥头路基挖开一丈，水始见落。南岸的南阳车站则平地水深8尺，汜水县全县一片汪洋。据当时报纸报道，有十几艘搭救难民的帆船，因浪大沉没，船上难民全数灭顶。

屏卫河南省会开封的黑岗口是黄河南岸一个重要的险工地段。该处黄河平时水面就比开封高出8尺，一旦决口，后果不堪设想。10日夜，洪水距堤面最险处只有三四寸，堤坝多处塌陷，情势万分危急。历史上曾数度被淹的古城开封，再一次笼罩在惶惶不可终日的气氛之中。

第二天，黑岗口险情终于有所缓解，但是这种缓解与其说是人们奋力抢险的结果，还不如说是由于黄河下游相继决口水位降低而造成的。从8月11日到12日，短短三天时间，豫、冀、鲁三省黄河大堤先后决口达50余处，并形成四片面积辽阔而又相互交织的黄泛区。

8月11日凌晨2时许，黄河南岸兰封（今兰考县）小新堤决口。一丈多高的水头冲入黄河故道，东南流经山东曹、单两县东南部，东至江苏砀山，北注大沙河，经丰、沛两县入昭阳湖。水势浩瀚急湍，其流速日夜约计百四五十里，所过之处，“有全村淹没殆尽者，有县城付诸洪流者，庐舍为墟，秋收绝望”。

8月11日上午9时，小新堤以下考城境内的四明堂圈堤溃决。汹涌的洪水从大约半里宽的口门中暴泻而下，由西向东直冲考城，然后流经长垣、东明边境，东注曹、单两县西北部以及菏泽、定陶、城武南部，继而东北经金乡、东南经鱼台，循旧运河入南阳湖，水面宽十余里至六七十里不等。

当水决之时，考城县毫无准备。洪水从四面八方一齐向城中灌入，城内水深2米多。居民扶老携幼，逃到城墙、屋顶和树上，哭声连成一片，无人营救，大多饥饿落水而亡。全县村镇70%受灾，34万亩禾苗悉被淹没，房屋倒塌5.1万间，财产损失201.5万元。黄水退后，地面积沙，村落皆成荒漠，其状甚为悲凉。堌阳一带至今仍流传着这样一首民谣：

六月二十一（农历），
打开南北堤。
先淹考城县，
后淹堌阳集，
东西马目不用提。
大王回头只一看，
又淹一个立通梁。

四明堂决口后不久，长垣南岸小庞庄亦于12日漫溃。溃口口门将及三里，长垣南北两岸决口大溜以及考城溜势皆浩荡而至，水从长垣经由东明、菏泽、郓城、钜野、嘉祥等县境进入南阳湖。鲁西20余县悉遭淹没或被波及，被灾村庄6500余个，灾民177万余人。

危害最严重的，还是自河南封丘的贯台至河北长垣（今属河南省）的黄河北岸决口。

8月11日，洪水从贯台决口，冲垮华洋民埝，至长垣县大车集后，破堤东北流。大车集至石头庄40余里的堤段上，大小决口共计33处，尤其是香亭、燕庙、石头庄三大口门，水流湍急，几夺全河溜势。

这股洪水从长垣向北进入滑县、濮阳，然后折向东北经山东境内的范县、寿张、阳谷等县，至陶城埠汇归正河。北堤以北、金堤以南长三百里、宽十余里至五十余里不等的北金堤滞洪区，化为一片泽国。

受创最惨痛的就是长垣县了。城外平地水深八九尺，田产荡然无存；城内水深数丈，人畜伤亡，房屋倒塌比比皆是。幸存灾民或攀附树梢，或蹲伏房顶。县政府一面组织人员伐木造筏，分途营救，一面召集绅董，赶办救济，并发电请求援助。但由于县境被淹，交通阻隔，到 15 日即水淹 5 日以后，省府才得以派员视察灾情。由于洪水含沙量极高，水退后全县 1/3 的耕地淤埋在泥沙之中，有些地方厚达 2 米多，只露出屋顶和树梢。

河南境内则有 10 余县 2000 余村被淹，庐舍为墟。以滑县为例，受灾面积 5 万余方里，灾民 30 余万，淹没田禾损失约 800 余万元，淹死牲畜 1500 头，淹没房屋 45 万余间，财产损失总计 3000 余万元，死亡人口万余人。

治黄一梦

1933 年江淮流域的灾民还没有从水灾的阴影中

走出来，黄河流域的居民又横遭浩劫，于是，人们的心又都随着暴涨的洪流涨了起来。新闻报纸上整天大声疾呼“河水暴涨，赶紧筑堤防”，街头巷议的话题也转到水灾上来了。国民政府同样是大张旗鼓，大有痛下决心治理黄河之意。

8月27日，南京召开了六省黄河防汛会议，讨论通过各省提案23件，决呈行政院。

8月29日，国民政府拨款50万元给灾区，先作堵塞决口之用。同日，行政院召开会议，由内务部、财政部、赈委会、黄河水利会、全国经委会筹备处报告奉交黄河水灾急赈一案，决定如下：

1. 赈济方法，分作三部分，第一为急赈，第二为工赈，第三为黄河水利工程，以急赈为目前刻不容缓之举。

2. 急赈款项暂定为200万元至300万元。

3. 举办工赈及黄河水利工程的计划待拟。

8月30日设立黄河水灾救济委员会，急赈费为400万元。

9月1日，黄河水利委员会在河南开封成立，由李仪祉任委员长兼总工程师，专力治黄。

这个由从德国学成而归、专攻水工科目的水利专家李仪祉所领导的治黄机构，看起来的确生气勃勃，气象一新。成立伊始，即在全国征集“治黄方法”“治黄事宜”。一时间，全国上下大为振奋，许多有识之士纷纷献计献策。

可惜，这样的机构毕竟直属于国民政府，少不了官府积习的干扰和侵袭，所以尽管有极高远的计划，却往往不能实行。即使实行，也只是敷衍塞责而已。救灾如救火，政府组织的黄河水利委员会，却成立于水灾暴发后的一个多月，而全体委员，直到9月间方才宣誓就职。

周密的机构建立起来，接着就要解决治水的基本问题——经费问题，然而尽管国民政府曾经信誓旦旦，但最后的许愿总共才只有750万元救济费，距离最初的预算额1700万元相差甚远，而且就连这笔经费也没有全部兑现。治河的款项均按户摊派，真正负担治河任务的还是农民。

在平常的年月，黄河流域的居民都有纳捐治黄的义务与责任。河北、河南、山东三省，每年的河防费需近百万元。但结果河水照旧决口。正如一首《灾民的回忆》的小诗中所透露的：

流水潺潺，或虑成灾。
委员说：“有钱哪怕水呢？”

主任说："有钱就没有水患。"
于是，我们捐了又捐，
以为有这样的靠山，
就可高枕酣眠。
流水泛滥，田庐尽圮。
委员说："有命已属不易。"
主任说："逃生须舍掉财产。"
这时，我们方知受骗，
募捐的代价是灾难，
但是向谁诉冤。

治河的官员们嘴上喊着经费困难，实则通过种种手段将经费变为己有。在黄河决口时，就有如下新闻："冀省府电行政院查办黄河局长刘庄泽"。

洪灾正烈时，大多数地方官员不是惊慌失措，就是漠然视之。8 月 11 日，水围开封。13 日在抢险中发现一条小蛇，黑质红章，许多迷信者便认定其为"大水王"，将其供奉在南关八角亭内，全城男女纷纷前往拜祷。到下午，水蛇死去，省河务局长派人用蓝呢大轿将死蛇送到城北的柳园口，供人膜拜，并下令演戏三日酬神，以求避免水灾。8 月 12 日，考城四明堂南北堤决口时，初开口门尚小，继而越冲越大，群众向县长张育笠报告，要求采取措施，加强防守，县官不予理睬，还说：“这么一点儿，还没有我家乡放鸭子的水多呢！”说后即走。

水灾发生后，当政者以及一些大善士以慈悲为怀，奔走呼喊，集资筹款，可其实际结果怎样呢？河北南部11万户灾民所得到的赈款仅万余元。山东西部灾民流亡到济南的前后达7000多人，多数人被当局驱逐出境。临行时，市政府每人只发馍馍一斤，路费三角。灾民们只听到国内外的慈善人士赠有大批的赈款，却不见“放款的人”。赈济成了少数人发财的机会。

黄河水利委员会成立不久，李仪祉即辞掉黄河水利委员会委员长一职。因为这个黄河水利委员会除了进行一些观测和实验外，对治理黄河的实际措施则一概不准过问。而观测工作也屡遭干扰破坏，这是受过西式教育，怀着“十年小成，三十年大成”宏大愿望的李仪祉所无法忍受的。

黄河的治理任重道远。年年治黄，岁岁河决，黄河流域一代又一代人民的夙愿，不知何时才能实现。

三　是岁江南旱

——1934 年长江中下游大旱灾

1934 年 6 月 25 日，上海徐家汇天文台华氏表的记录骤然升高到 101.5 度（摄氏 38.6 度）。在该台建置 60 多年的历史上，这还是第一次。震惊不已的气象台当即郑重宣布：“本月 25 日，实为上海 60 年 6 月中最热一日。”

但事实表明，这家在中国资格最老的天文台对当年气象所作的诊断还是太过于匆忙了。因为紧跟着的第二天，最高温度即上升到摄氏 39.3 度，7 月 12 日又达到摄氏 41.2 度,8 月 25 日攀升至全年最高点——摄氏 42 度。迄至 8 月 31 日，55 天中，日最高气温都维持在摄氏 35 度以上。这不但是 60 多年来的最高纪录，也是 20 世纪上海气象史上的最高纪录。

与此同时，上海整个夏天的雨量，仅仅相当于长江下游 7 月份标准雨量的 48% ~ 65%，降水指数显著低于百年（1873 ~ 1972 年）降水量的平均线。有关统计显示，这一年上海 6 月、7 月、8 月三月的平均降水量，分别是 42.1 毫米、34.7 毫米和 20.2 毫米，各占当月百年平均数的 23.65%、24% 和 15%。

高温、无雨、酷热、亢旱，使往年温湿阴凉的梅雨季节不见踪影，一向以水乡泽国而著称的长江中下游地区，遭遇到百年不遇的特大旱灾。

天堂炼狱

也就是从 6 月 25 日开始，铺天盖地的热浪便扑向上海这座远东大都市的每一个角落。

在柏油马路上，阳光曝晒，气焰灼人，溶溶柏油犹如开水一般沸腾着，路面气温有时高达摄氏五六十度，赤脚奔走的人力车夫不时晕倒在马路上，有许多还因为得不到及时的救治而当场死亡。上海某救济会不得已致函责令人力车同业会，要求他们从车夫每天上缴的车税费内提若干，购置草鞋分给车夫。由于路面温度太高，许多地方深埋于地下的自来水管受热爆裂，水柱冲天，水流成湖，阻挡了过往的车辆，而孩子们却把它当作洗浴场。

瘟疫也在迅速地蔓延，中暑、疟疾、霍乱、赤痢等各种热病一齐袭来。虽然各家时疫医院都比往年提早成立，市卫生局以及其他卫生机关也纷纷派人出访，向学校、工厂、机关市民注射防疫针，而且每天都在万人以上，但还是无法遏制急剧增加的病人数量。从6月26日至7月1日，西藏路上海时疫医院收容的病人已超过800名，其中男子约占3/4，尤以青壮年劳力为多。在这些病人中，70%患肠胃炎，疟疾与中暑占30%。

达官贵人、富商大贾及外国侨民也无法躲避无所不至的热浪。在当时发行量颇大的《申报》《大公报》的新闻栏里，诸如“上海某会计师办事处重要职员麦克留尔热死”“美国军部工程师前夜中暑仆倒路上，旋卒”“公共租界内竟发生7人之倒毙”之类的消息，接连不断。8月6日，正在上海逗留的行政院副院长兼财政部长孔祥熙，也忽然“染患暑症”，只能“在寓所静养，未能至中央银行办公”。

素有天堂之称的苏州、杭州以及全国其他大中城市，同样裹挟在肆无忌惮的酷暑、热浪和亢旱之中——

苏州：暴热无雨，城内饮料恐慌，水价日高，每担水最高需大洋1元。

杭州：天气奇热，为近十年罕见。著名的西子湖，也耐不住高温的蒸腾而褪去了往日的淡抹浓妆，袒露出黑黝黝的枯裂的湖床。

镇江：酷热异常，马路行人稀少，商务萧条。

南京，中央政府所在地：最高温度打破南京30年来6月份最高纪录，中央各机关从7月1日起下午停止办公。洋车夫和劳工在烈日下中暑者源源不绝。据南京警察厅调查，从7月3日到20日，市民因酷热中暑，患霍乱、痢疾等病而死亡的共计1067人，“开历年死亡率之新记录”。

汉口：暑热难当，时疫流行，行人昏倒者剧增。

徐州：气候酷热，河水如沸，小儿患痢疾、虎疫而死亡的比比皆是。公安局因鉴于热浪太高，对店员赤膊露宿街巷解禁一月。

开封：连日酷热，中暑病毙者甚多。

济南：酷热亦甚，为数十年来所未有，有时一日之内中暑毙命的多达30人。7月15日晚，班禅大师随员40余人由南京专车过济南北上，途中热毙4人，另1人中暑垂危，急送济南津浦医院抢救，旋即死去。

西安：连日酷热，热毙者屡有发生。

太原：连日酷热，街市行人稀少，傍晚时才外出，各机关人员惶惶不已，苦力中途死亡者有时每日多达七八人。

青岛：海滨浴场每日万头攒动，各地中外人士来青避暑，各旅馆均告客满。

北平：挥汗如雨，7月9日至11日三日内中暑死亡者达16人。有道是，几家欢乐几家愁。就在机关停顿、工厂减业、商务萧条之际，一些适时的行业却显出特殊的景气来。冷饮业不必去说，电风扇自然也是销售一空，游泳场、洗浴池处处爆满，就连平日颇为冷清的殡葬业，从6月开始，也因中暑毙命者逐日增多而异常忙碌，应接不暇。

但所有这些，似乎都比不上上海食粮交易所的繁忙。由于持续高温亢旱导致长江中下游农田大面积歉收、绝收，各地粮价一改1932年“丰收成灾”以来低迷下降的态势，三日一小涨，五日一大涨。故而在粮食交易所内，米麦期货的开价和成交，亦如同飙升的热流一样，连连创下新纪录。而这种由旱灾带来的商业景气（时人称之为“旱魃景气”），实际上是以千百万农民的性命为代价的。

水乡旱魃

江南农村大多以养蚕和种植水稻为生，这年因春旱严重，丝茧毫无收成，断了这条生路的农民们便将满怀的希望寄托到稻谷的收成上。他们急切地期盼着梅雨的到来，好趁着雨水下田插秧。他们相信梅雨是不会失信的，“陈抟老祖活到八百岁，没有见过黄梅水不发”。

可这次老天爷却有些别扭，人们眼巴巴望着，一天天等着，整整三个月过去了，居然没有下过一滴雨。太阳像烈火一般挂在当空，天洁净得无片丝云彩，又蓝又高，似乎有意拉开与人间的距离。田里的泥土龟裂着，张开了一条条死龟甲似的不可弥缝的裂痕。汪洋似的湖水也一天天向湖心退去，河塘港汊干涸见底。据说太湖水干涸后，可以发现从前被湖水淹没陆沉的古城遗迹。

有资财的人家插了秧苗雇人戽水，无钱的农户只能依靠自己了。江苏吴县的一户佃农，太阳底下要车水，月亮底下也要车水，一面担忧着以后的食粮，一面又愁着年底的租米，过分的忧愁，过分的辛劳，夺去了婆婆和丈夫的性命。浙江某村一寡妇，家里有婆婆，还有两个小孩，全仗她一人耕耘、戽水，后来也累死在田头。宜兴一位农民，车了十几天的水，没有滴水入田，只好捧着浮肿的胸痛泣。不管人们如何地奋力，收获的只是多一些枯草而已。

"天要灭人了！"江南的农民陷入了一片恐慌之中。

于是，一村村的农民聚集起来，敲锣鸣铳，祈神求雨。通向古庙、深潭的路上，到处是披着蓑衣、戴着柳条圈子的求雨人群。"五湖四海""行雨龙王"之类的"雨旗"从一村飘拂到另一村。

城隍爷爷兮，敬祈法雨隆施！
今天时亢旱，弥月于兹。
土皆龟坼，鱼虾惨死。
赤日炎炎似火烧，田禾农作尽枯焦！
更夫离畔相啼哭，四野喁喁抚旱苗。
啊，胜降！

"胜降！"成百上千的村民跪在地上，迅雷般地附和着。

让人吃惊的是，政府中一些受过"德先生"和"赛先生"洗礼的上层人士，对迎神祈雨也同样虔诚。几年前被他们打倒的张天师、理教会，现在又被他们拉了出来。在南京、杭州、上海等一些大城市，班禅大师及其弟子诵经求雨，尽夜不辍。在湖南，当局在大荒之中束手无策，省主席亲到城隍庙祀神求雨，并下令禁屠 3 天。湖北民政厅也通令各县禁屠 7 日祈雨，其间各街巷中的小孩分别饰成雷公风姨雨师，锣鼓游行，并有人抬狗祈雨。浙江平湖县县长甚至指派财政局长在县府总理纪念厅上点烛拈香，厅内香烟缭绕，祷告不已。

或许是有感于此风太甚，国民政府行政院曾出面稍加限制，不料却激起了轩然大波，各地宗教和慈善团体纷纷通电反对。浙江余姚县某小学校长在迎神求雨的队伍经过时只身劝阻，竟然被愤怒的农民群殴致死。有的农民求雨不成，便将龙王偶像扔进厕所之中，或者放在烈日下曝晒，以示惩罚。

敬也好，罚也罢，闹腾了一阵，龙王爷始终无动于衷。雨仍未下，烈日依然炽烈，干旱仍然威逼着农民。抢水之风在江南水乡四处蔓延。

当年《独立评论》刊发了一篇题为《苦旱的故乡》的署名文章，作者是这样描写他的浙江家乡抢水情景的——

> 先是只缺一注水就会成熟的农田所有主，偷偷抬了水车去。但池塘残余的蓄水是不够有份的各个农田分配的，于是各个农夫闻讯也都把水车配搭整齐，一声“呜拉”，水车的噪音就整天价响，人们都在水车上飞奔。汗从头顶流到脚底，

但谁有工夫去擦抹一下呢。这真是一幅真实的生存竞争图。即使你不是诗人，看到也会感动得泪下的。

抢水之胜利与否，不但靠器具的精良，而主要的是由人力之多寡来决定。抢水者通常是不支付工资的，全是由农夫们相互间的感情而自动地来帮忙。工作是分班的，为的让水车不停止地运用。那时候主人从店里买来的几罐老酒，主妇自制了一大篮的甜面饼。车水的人就在闲着的时候大嚼大喝一顿。往往醉了就和邻近农田的车水人争闹打架。据我所知因此酿成命案的不下十次。他们不是抢水，简直是在抢血和肉呀！

江南人食人

相关的研究表明，在 1931 ~ 1936 年的经济大萧条时期，国民总收入处在最低谷的年份，并不是水灾严重的 1931 年、1933 年、1935 年，而是 1934 年；同样，农业国民收入总值及其在国民总收入中的比重，也以 1934 年为最低。毫无疑问，农业的衰落是当时的中国经济大萧条的唯一原因。而导致农业国民收入跌落至最低点的主要原因，就是长江中下游地区的旱灾！其中又以江、浙、皖三省最为严重，各省被灾田亩分别占原有田亩的54%、53%和69%。

不过，与来势凶猛的大水灾相比，旱灾的形成毕竟还是一个缓慢积累的过程，所以尽管它造成的农作物损失要比水灾大得多，但却很难引起当政者以及社会各界应有的注意。财政部长孔祥熙在写给行政院的一封信中所说的一番话，就很有代表性。他说：

> 水灾与旱灾不同，水灾后人民田庐被淹，衣物无存，对衣食住均需代为设法，旱灾后则仅缺乏食用，其房舍衣用各物，尚无问题，故只须准备粮食贷与灾民。

果然，7月17日行政院在讨论江、浙、皖旱灾救济问题时，虽然也决定拨出100万元的防旱经费，但除去80%的种子费和20%的办公费外，用于救济灾民的钱一分也没有。安徽省倒是筹集了一笔款项和赈粮，可是全省621万饥民就有425万人需要救济，所以即使全部发放，平均每人也只能得到0.089元的赈款和0.021石赈粮，还不够一户农民一天的食用。浙江省政府还企图引钱塘江水灌溉杭州、海宁各县的农田，不料盐质过多，不仅无补于稻作，反而使农家种植的甘蔗、苎麻等经济作物受到极大的损害。发给农民的杂粮种子，也无不因为土壤干硬如砖而难以下种。

在汹涌澎湃的洪水面前，国民政府以其为“天然灾”而哀叹抗洪无术；在广袤的旱灾发生后，国民政府又以其表面上的无关痛痒而掉以轻心。这就是30年代上半叶的中国政府。

长江中下游地区本是我国最主要的产粮区，前两年这里的粮食还取得了十数年未见的大丰收。按常理推断，即使政府撒手不管，三个月的亢旱也不至于把江南人民逼到饥荒的地步。但是请读者不要忘了这样的事实，即农民的丰收是在1931年大水灾之后取得的，而大水灾又使得价格低廉的洋米洋面得以充斥国内粮食市场，所以粮食丰收了，粮价却一落千丈。丰收的到来亦非易事，除了风调雨顺的自然因素外，主要靠的还是被水灾洗劫一空的农民不惜束紧腰带，负债以垦复农田。丰收之后，为了缴租，为了还债，为了赎回押在当铺里的衣物，他们只能忍痛将粮食几乎全部贱价卖出。可谓“放下禾镰没饭吃”。在持续的旱灾到来之前，农民们就已被剥夺得一干二净了，又如何指望他们去抵御接踵而至的特大天灾呢？

曾经富庶的江南农村终于骚动了起来。

从前，江南农民几乎很少为亢旱而逃荒，现在却成群结队地向他乡逃离。江南的逃到江北，江北的又逃到江南，可是处处闹灾，家家无粮，逃来逃去，有的客死他乡，有的则只好返回原籍。有位从安徽怀宁逃出去的青年人，因为“无饭可吃，饥饿不堪，归来后骨瘦如柴，面无人色”，后来一家同族的富户以午餐相邀，竟一口气“吃饭三碗，粥七碗，米粑三个”，“吃毕立倒于地，气息丝丝，急以呕药使令呕吐，始得不死”。

抢米风潮也一天甚似一天。据不完全统计，1934年抢米风潮蔓延到7省38县，共计64次，而江、浙、皖三省就有28县51次。另一份统计表明，从1934年7月14日到9月1日一个半月的时间，江、浙、皖三省即发生抢米风潮23次。仅江苏无锡一县，短短5天之内就出现8次抢劫风潮，其中7次是抢米。参加抢米的一般在数百人左右，有时多达数千人。他们以鸣锣或吹竹筒为号，往往破门而入，见食就吃，或者手持畚斗竹筐，逢米即抢。在安徽桐城，这种行为还被冠以许多名目，如抢大户叫作“干大塘”，抢小户叫作“干小塘”，动手口号是“捉鱼”。他们一般只抢米，对其他财物则“丝毫不动”。

抢米毕竟要冒很大的风险，抢来的粮食也很有限，大都不过果腹一时而已。可无禾的秋天过去了，还有隆冬，还有第二年的春荒，饥荒的日子正遥遥无绝期。绝大多数饥民只有靠刮树皮、掘草根、吃观音土苟延生命了，就连平时猪犬不吃的东西，饥民也求之而不可得。1935 年初，湖南省政府派员到衡阳、宝庆一带视察灾情，揭了 200 多家农户的饭锅，结果发现只有两家有饭，有杂粮的也很少，其余的都是草根树皮。

绝望的农民最终以结束自己的生命来结束饥饿。在浙江灾区，这年 8 月就有不少农户因为生路断绝而举家自杀的。武康县一位名叫施贵中的农民，不忍 6 岁的儿子日后像自己一样挨饿受苦，便在自杀之前先将其子杀死。长兴县某王姓农民，眼见田中禾苗枯萎，秋收无望，借了 1 元钱买了些砒霜和馄饨皮，包成砒霜馄饨一家人同吃，当夜一家七口全部中毒死亡。新昌西土奥村一对农民夫妇，因天旱收成绝望，竟在田头同时自尽。江苏、江西、湖南、湖北等受灾之地，这种“闭门服毒”“阖室自杀”的现象，同样时有所闻。安徽怀宁冷水铺的大道上，则发生了这样一幕凄惨绝人的悲剧：

有饥民夫妇儿女四人，因饥饿过久，无力行

路，倒卧道旁。邻村睹状不忍，略送稀饭。夫妇摇首不肯吃，复不许儿女吃。人问其故，他说，吃一顿也不能度活命，延长一二日生命，多受一二日苦。卒不吃，一同饿死。

接下来在怀宁发生的另一场悲剧更是令人毛骨悚然：

> 怀（宁）桐（城）接壤之青草塥附近，某农人鳏居，有两子，长12岁，次8岁。农人因饿极，黑夜用菜刀将次子杀死，长子察觉惊号，邻人尽至，并报告保安队。问因何杀子？答：因饿极无法，拟杀子充饥。问一子又如何能度过性命？答：次子杀后，再杀长子，长子杀后，再行自杀，愿人吃我，度活一二性命。

“是岁江南旱，衢州人食人！”我们再一次听到了1200多年前唐代大诗人白居易的激愤之音。虽然就绝对的地理界线而言，怀宁不在江南，但离江南也就一江之隔。

四　滔滔江河水

——1935 年长江、黄河大水灾

1936 年在上海出版的《中国经济年报》是这样概括 1935 年中国的灾害形势的：

> 1931 年的水灾是中国过去最大的水灾，1934 年的旱灾是中国过去最大的旱灾，1935 年是把这个最大的灾荒合流了。……1935 年水旱灾荒的双管齐下，竟把这过去的记录都打破了！

而这年的水旱灾荒之所以打破了过去的纪录，长江、黄河的同时泛滥无疑是最重要的因素。滔滔江、河水袭击了鄂、湘、皖、赣及豫、鲁、冀、苏 8 省 241 县，水淹面积达 139109 平方公里，被灾民众将近 2200 万人。仅湖北、湖南两省，至少有 14.2 万人在洪水中丧生。

江、河同难

这一年入夏后，包括长江、黄河两大流域在内的全国大部分地区，天气酷热，亢旱异常，人们望雨甚殷。有的省份鉴于上年的教训甚至制定了《旱灾紧急救济办法》，要求各县遵照实行。不料6月、7月之交，天气忽变，长江、黄河流域突降暴雨，正全力以赴从事抗旱的人们一下子措手不及。

大约6月下旬以后，长江流域部分地区即开始大雨连绵。7月3日到7日，在长江中上游的鄂西、湘西，汉水流域的陕南、豫南、鄂西北，锥刺刀扎般的瓢泼大雨整整下了5天5夜，兴山、五峰两县降雨量分别高达1084毫米和1281.8毫米，是有实测资料以来的最高纪录。雨区覆盖的广大地区洪水暴涨，灾情严重。

从7月4日起，汉水支流丹江、堵河、南河以及郧县、丹江口、襄阳等干流段，相继出现近一二百年来最大洪水，汉水中下游河段堤防纷纷溃决，两岸一片汪洋。自钟祥以下16县市有670万亩农田被淹，冲毁房屋30万栋，灾民370万人，淹毙8万余人。

地势低洼的天门县，“受灾之重，殆为各县最”，仅在岳门附近的张截港，即捞获死尸14000余具。目睹此情此景，一艘客船上的大副对震惊不已的记者苦笑道：

> 这算不得什么。以前几次经过这里时，冲下来的男女老少、鸡犬牛羊，真是一路看不尽，我相信有的还是活的。看到虽心急如焚，但又无法救助。我就像五岳归来不看山一样，现在是船过张截不看尸了。

在长江干流，宜昌至沙市河段也因干支流洪水同时遭遇而迅猛上涨，枝城最高水位甚至超过1931年。从7月5日到7月7日，荆江大堤先后在横店子、堆金台、得胜台以及麻布拐发生溃决，溃口宽度自300米到1200米不等，汹涌的江水势如奔马般地扑向荆、沙大地。荆州全城被水围困，城门上闸，交通断绝，农民栖身于城墙之上，衣食无着。草市全镇陆沉，有2/3的人被洪水吞没。沙市土城以外同样溺毙无算，幸存者或攀树巅，或登屋顶，或奔高阜，百死以求一生。江陵、监利两县都有一半以上的地方沦为泽国，合计淹田210多万亩，灾民不下百余万人。

7月9日，天气放晴，荆江水开始退却，但各处仍险象环生，附近10余县，江水与长天一色。灾民困于水中，无法逃生。

荆江水的平息也没有为长江带来安宁，汉口水位仍旧涨个不停。到7月8日，已超过1931年破堤时的水位。防护着武汉市安危的张公堤，千疮百孔，岌岌可危。7月16日，张公堤后襄河之水高过堤顶，突出市区1丈1尺有余，桥口平汉路堤外大部分被水淹没，堤外各民垸溃决殆尽，平汉铁路也被冲断。武汉市内，陆地成海，树木顶梢如水草一样飘摇不定，未被冲决的张公堤段有如一条长蛇，蜿蜒盘旋在水面上。居住在低处或底层楼的居民，纷纷移居，有的寄住在楼层高的亲戚朋友那里，有的暂时在旅馆避难。人心惶惶，谣言四出。

湖南省灾情仅次于湖北。自6月下旬起，该省淫雨兼月，湘、资、沅、沣四水泛涨，同时因荆江洪水倒灌洞庭湖，水位激涨，沿江滨湖37县泛滥成灾，灾民560余万人，其中受灾最重的益阳、常德、岳阳等15县，受淹土地达555万亩，受灾人口410余万人，死亡3.7万余人。

就在长江中游洪水泛滥之时，黄河流域也从6月底开始淫雨为虐。7 月初，黄河上游山洪暴发，湍急的洪水顺着千沟万壑的黄土高原冲刷下来。河南境内的伊河、洛河也连日大雨，黄河水势猛涨，各处河堤纷纷坍塌。7 月 8 日夜，两河交汇处的偃师县护城河堤被水冲坍，洪水由东门直灌而入，凄厉的警报声中，民众扶老携幼，取道北门逃生，顷刻间大水又从北门灌入，因人多路窄，3000 多人被水卷走。城南的水势更甚，人们争抢着爬上城门躲避，秩序混乱不堪。有二十七八人避难的东关戏楼，被水冲塌，除了一两个会游泳的以外，全都成了洪水的殉难者。幸存者中有一位是来自上海水利局的职员，刚被调来协助防洪工作的。偃师城内，哭喊声、水声、呼救声、倒房坍墙声合成一片，声达数里，压死淹毙者难以计数，浮尸累累。

位于山东鄄城境内的董庄，是黄河中下游与花园口齐名的险口。当黄河上游洪水下泄时，当局认为地处东明、濮阳、菏泽三县之间的刘庄更为重要，因而全力防守。7 月 8 日，洪水大至，刘庄是保全了，董庄却意外失守。7 月 10 日，自董庄以下到临濮集以东长约 3 公里的大堤，全部漫水，先后刷成口门 6 处，洪水六成以上从溃口穿过，奔腾汹涌，直入鲁西鄄城、菏泽、钜野、嘉祥、东平、汶上、济宁、鱼台、金乡、郓城、寿张等10余县。而后，又以不同的方向灌入微山湖，苏北丰、邳、铜山等县相继陆沉。洪水所到之处，“都是先把若干万人一齐死守的官堤民埝一齐决掉，冲了出来，一齐把房屋田地完全淹没，猝不及防”。

有关资料显示，董庄决口，共有21县市受灾，水淹面积44849平方公里，直接淹毙人口3750人，直接财产损失19502万银元，灾民400余万人。

水中饿乡

大水夺去了人们的幸福，夺去了无数农民的血汗。灾荒来临时，人们的唯一要求是求生，而在生产力落后的旧社会，求生的唯一出路就是逃荒，尤其是在水灾临头，逃避不及即有灭顶之灾之时。然而面对汹涌的洪水，灾民们的逃生也是以生命为赌注的。

请看《荆沙水灾写真》所记载的灾民逃生过程：

> 灾民或待救屋顶，或攀登树枝，见有船来即高喊救命，远近相应，惨不忍闻。救灾者虽竭力以赴，奈水逆浪激，势有不能。灾民力竭声嘶，多扑水希泅至船边而遭灭顶者。

（草市）马河中流，波涛汹涌，见灾民十余人，或自坐木盆，或手挟木板，有尚未落水者，有半身入水者，回流冲激，左翻右荡，时东时西，忽起忽浮，口呼救命。忽狂风大作，再见呼救之人，已卷没波心，呼声于波涛澎湃中已不甚了了。

而从大水中捡回性命的灾民，却又面临着饥饿的严重威胁。首先是灾区米价势如洪水般的迅速上涨。有粮的不愿出售，奸商又乘机囤积居奇，敲诈勒索。大多数灾民无钱买粮，许多富人的财产也被大水冲刷一空，同样无钱买粮。这样的时候，穷人与富人都只剩一双空拳赤手和一张吃饭的嘴，已没有什么等级区别了。聚集在沙市的几千逃难灾民，全都是几日不食，丧生者日渐增多。荆城的一位妇人，不堪忍受饥饿的折磨，竟将其生子“割而食之”，被官府捕获时，“尚存两腿，置诸怀中”。

顿失家园的灾民无栖身之地，只能蜗居于堤坝上、屋脊上，甚至攀附在树枝上。从北到南，从黄河流域到长江流域，到处都是一幅幅惨不忍睹的流民图：

芦席棚沿途皆是，蜿蜒如长蛇。路旁水中，泊小划甚多。陆续来此者，犹络绎不绝。划上

> 三五灾民不等，多载零碎杂物，有搬运被冲毁房屋之椽柱来此求售者。道旁衣物狼藉，人畜杂居。所搭之棚，不但不能遮蔽风雨，值此炎炎夏日，热气熏蒸，尤为难受。

这样简陋恶劣的环境，正是疫病最理想的滋生地。在苏北灾区，"灾民饮食，胥取浊流"，入秋以后，又乍寒乍热，于是疫疠大作，天花、痧疹、疟痢猖獗，灾民"无法诊治，坐毙待命"。到年底又有一种黑热病流传到徐海淮扬一带，患者多达20万人。河南各县，历劫之余，也"发生疫氛，传染数十里，日有死亡。许昌一县，虎疫流行尤甚，匝月之间，死亡达二千余人"。

大水夺去了人民的生命和血汗，又带来了所谓的"土匪"。尤其是沿江一带的船户，往往乘势到粮行抢劫，抢米谷，抢杂粮，去而复返，转而又运，来往如梭。如果有谁表示不满，他们就会给你一句难称幽默的回答：

> （我们）没有吃怎样办？白白饿死不成？我不借点去吃，水还不是冲跑了！何苦呢？这样大的水！

有幸未受水灾或灾情轻微的地方，也在灾民逃荒的洪流中变成了灾民：

村内来了无数逃水荒的人，他们走到一家就帮着吃一家。这家吃完了，再一道儿去吃别家。这些灾民每到一家，就从内屋里搜出米菜，忙着做晚饭，像主人一样自然，像办婚嫁事一样热闹。

人们忙着生，忙着活，忙着挣扎。

湘鄂一带的农民竟然喊出“到武汉吃赈去”的口号，并编成歌词，“尽一种组织群众情绪的作用”：

农夫种地不见钱，
城里富翁吃不完，哎呀！
龙翻身，
天连水，水连天，
十万农户九万断炊烟！
走走走！哎呀！
锄头莫离手！哎呀！
先吃汉口！哎呀！
后吃扬州！哎呀！

吓得国民政府最高当局赶紧下令预为防范。

“明知王法，饥饿难忍”。大水前被政治强权勉力维持的社会秩序，也在大水的冲击下瘫痪了。

治水水不治

兵来将挡，水来土掩。自古以来的防水设施主要就是一个“堤”字了。因而防护堤的建设关系重大。沿江、沿河而居的人们无不视堤如命。荆江沿岸的居民甚至每年都要缴纳一定的修堤治河经费。在江陵县，“政府收有北土费，随粮带征”，境内众志、保障两垸横堤，居民每年每亩都要缴纳 2 元以上的堤工费，由江陵县府所委任的防汛主任抽取办理。然而在防民有术，防水无策的政府管制下，人民出资又出力所换来的并不是自身的安然无恙。

即使是当局拨下了治水经费，也得不到有效的利用。在本年黄河汛期中，黄河水利委员会从 150 万元的治水经费中拨出 15 万给董庄段堤，如能以之加固董庄河堤，未必一定发生决口。但由于负责董庄堤防的山东河务局长张连甲玩忽职守，使董庄的河段加固工程一拖再拖，结果使鲁西等县惨遭重创。

水来了，治水官员们的首要任务是逃。7 月 6 日荆沙地区大水成灾后，荆江堤工程局行政长官雷啸岑就匿居天主堂，11日水退险过后，雷才露面防险。荆江大堤横店子决口前，荆江堤工程局委派的万城堤工负责人吴景堂，以祭祀关公为名，当晚逃走无踪，只留一位小职员在万城发洋60元，应付群众。至于防险材料，更一无所有，以致坐视堤溃，贻害生灵。

河决了，水来了，祈求龙王爷的念头也来了。7月6日，荆江大堤决口后，荆江堤工程局局长率领工程师到万城马山一带视察，备办三牲，于大湾堤街设立香案，举办隆重的祭奠江神仪式。各机关领袖以及商会领袖也全都参加，但龙王爷并没有怜悯他们的虔诚，荆沙地区最终还是未能免遭浩劫。可政府大员依然不改初衷。第二日（7月7日），这位局长又在荆江堤工程局前摆设香案，二度祭奠江神，先是朗诵经文，继而将三牲祭礼投于江中，还特意发出布告，下令“禁屠三日”，“冀以挽回劫运，感召天和”。

民国政府无法防御水灾，也无力减轻水灾造成的后果，当各灾区请赈的电文纷沓而至时，虽然政府筹款的呼声也越来越高，但灾民却总是听到“国家正值危难”“国家无钱”“财政困难”之类的消息。以湖北为例，统计全省救济费约需1800万元，但截至7月29日，所得各方面的赈款，只有许世英视察时带来的4万余元。事实上，国民政府为各省准备的赈款一共才只有 200 万元。难怪报纸上整日价说的都是“杯水车薪”之类的语言了。

有幸分到救灾物资的灾区，也只是流于形式。正如一位灾民所说的：“受到这样的惊骇，挨几天也够受了。前几天不知从哪里运来一船面包，各人还不是一个半饱？”

“愁肠千万语，灾痛实难忘”。大水的波涛声开始远了，但灾民们啼饥号寒的悲声，何时才能在中国大地上成为绝唱呢？

五　天府之国乎？饥馑之国乎？

——1937 年四川大旱灾

1937 年，中华民族的确是到了最危险的时候。

这一年，日本帝国主义发动了蓄谋已久的全面侵华战争，战火从北到南，燃遍中华大地。

这一年，天灾随战祸也遍及全国，尤其是旱灾，席卷了四川、贵州、甘肃、陕西、河南等省的广大地区。中华大地到处呻吟着痛苦的灵魂。

这一年的大旱，又数四川最为惨烈。全省 150 个县，受灾 141 县，灾民总数多达 3500 余万人，饥饿而死的估计在 100 万人以上。昔日到处流脂溢香、富饶丰足的“天府之国”，而今却变成了死亡枕藉、饿殍盈野的“饥馑之国”！

华北危急！中华民族危急！被举国上下视之为抗战堡垒的西南大后方，却已在旱魃的蹂躏下糜烂不堪了。

天府沧桑

灾难似乎很久以来就在川蜀大地上徘徊。

远在明末清初，这里曾经天灾频频，继之又陷入了持续数十年的空前战乱之中，川省人口急剧减少，许多地区人口已不及原来的十分之一二，川北川东某些府县甚至只有原来的百分之三四。时人所说“合全蜀数千里内之人民，不及他省一县之众”，确不为过。昔日的街市村落绝多杳无人烟，千里良畴鞠为茂草。

从顺治到乾隆年间，由于清政府招垦政策的吸引，来自长江中下游的湖南、湖北、江西、安徽等省以及其他地区的人口蜂拥而至，乃至形成历史上非常著名的“江西填湖广，湖广填四川”的人口迁移浪潮。此举使四川人口在百年间急剧膨胀，到 1787 年（乾隆五十二年）已达 857 万，基本接近明初四川人口数。再加上移民人口及原有土著人口的高速繁衍，清道光帝时，川省人口突破了 3000 万，宣统年间又激增至 5000 万以上。川省人口从此遥居全国首位。

移民的大量迁入使四川很快就恢复了繁荣，良畴千里，仓丰人足，可是人口的急剧膨胀，又孕育着新一轮的重大灾难。

为了满足不断增长的粮食、造屋、燃薪、制棺及其他日用之需，在农业生产技术还没有取得重大突破的前提下，人们只能向山地进军，向丘陵进军，于是，大片的森林被砍伐，大批的植被被垦殖，代之以玉米、番薯、马铃薯等高产耐瘠的新作物。立竿见影的好处和充足的粮食，又引来了更多的移民，同时也刺激着已经定居的移民以更快的速度增加人口。毫无疑问，人口的迅速增加，又意味着森林砍伐规模的进一步扩大。

清朝统治者大兴土木的奢侈需求，加剧了四川森林的消耗。清承明制，也继承了明代到四川选伐“皇木”的恶习。民国以来，四川各地的军阀和官僚资本又纷纷以“屯垦”为名，大肆毁林开荒、毁林烧碱、滥采滥伐。四川的森林覆盖率以每年 0.5% 的惊人速度急剧减少，到 20 世纪三四十年代，已由民初的 40% 减少到 20%。

对森林资源如此掠夺性的开发使四川的生态环境急剧恶化。盆地的森林消失了，盆地边缘及西部的森林也在快速地消失。全川大部分地区童山濯濯，河溪枯涸，水土流失日益严重，水旱灾害渐趋频繁。人类以其对大自然无节制的掠夺而开始饱尝大自然的惩罚。

从 19 世纪末叶开始，随着我国气候干旱化趋势的不断加强，蜀山突兀的四川省，也和全国大部分地区一样进入干旱期。旱灾次数越来越多，旱灾范围越来越大，旱灾持续的时间也越来越长。到 1937 年，终于酿成前所未有的大旱灾。

这次旱灾历时 10 个月之久。从上年春天到是年 5 月，全省大部分地区烈日炎炎，经年不雨，冬不可播麦，春不可耕田，夏不可插秧，田地龟裂，地不生毛，多数县份粮食收成均在四成以下，重灾县份大都不及一二成，有的甚至颗粒无收。川省农民平常年份赖以果腹的南瓜、红苕、青菜、萝卜等杂粮蔬菜，也因长时间的亢旱缺水而无法正常生长。

有调查表明：到 1937 年 3 月、4 月份，全省 94% 的县份、3500 万饥民陷入粮尽食绝的境地。其中重灾 26 县，次重灾 46 县，其余列为轻灾的共 69 县。

这次大旱，还以四川为中心向周边的省份扩散。河南、贵州、陕西、甘肃等省都不同程度地受到了旱灾的袭击。在河南，持续一年的亢旱使豫西 800 万民众惨遭浩劫，草根树皮食尽，牛羊猪犬绝迹，饿死者日有所闻。贵州同样是一年无雨，全省 81 县就有 74 县受灾，灾民多达 272 万余人，各地死亡枕藉，惨不忍睹。其他各省，灾情亦大都相差无几。

旱魃的魔爪扼住了川省千百万灾民的咽喉，无计可施的人们只好将希望寄托于上苍和鬼神。求雨之风迅速在各地兴起。为了感天地，泣鬼神，让他们赐甘霖，解旱苦，人们设坛诵经、禁屠斋戒、抬神请水，人们闭南门、请龙王、烧旱魃，无所不用。而老天却始终是“炎火灼炙且热，不肯吝降一滴甘”。饥饿的民众开始承袭老祖宗的恶习，纷纷放炮烧山、升火焚林以求雨。许多政府官员则以“科学求雨方法”推波助澜。请看下面的报道：

宜宾专署除使用禁屠诵经等方法而外，因干旱严重，对防救灾害积极进行。3月初，更采用简单科学求雨方法，集中大炮，连日在附近山岭施放，以期震动空气。3月5日，复分令各区署各联保主任，集柴草引火之物，就附近高地集中焚烧。

3月下旬，专署特再以科学方法求雨，布告全市民众，将滥草渣滓及弃置之竹木篾席等物（如愿出柴薪者尤佳），在一二日中，自行尽量运往北门外锅顶山顶上堆积，由专署派人焚烧，使热气上升，促成雨点下降。

其实，这种所谓的“科学求雨方法”，早在唐宋时期就盛行于四川各地，而且正如大诗人杜甫所批评的那样，不过是官府“长吏”苟且塞责的手段。然而那些愚昧的以及被愚弄的民众却怎么也想不到，恰恰是这些森林才是老天赐予他们抵御天灾的最有效的屏障。

遗憾的是，由于人类自身无节制的繁衍和无节制的掠夺性生产，这种天然屏障早已破坏殆尽，如今又被付之一炬，结果如何是可想而知的了。在川南古蔺县的官山老林、叙永县的大安山以及兴文建武附近，由于山民的烧山求雨，火光触天历时七天七夜，而使方圆百余里的林地，焚烧一尽。南川县城周围数十里的山林，也在通宵不息的腾空烈焰中化为灰烬。

求雨不成反毁林，千百万饥饿的四川民众只能在更加脆弱、更加不稳定的生态环境中挣扎、求存。

饥馑之国

天无雨，地无粮，饥饿的魔影再次降临到川蜀大地。这年春天，一位名叫卢文光的百岁老人，眼见饥荒日趋严重，便向当地专署专员献出五剂秘藏已久的“救荒辟谷奇方”。其中之一是：

> 白茯苓四两为末，加白面二两入水调匀，用黄蜡三两代油煎成饼，饱食一顿，便不食。至三日后气力渐生，略饮芝麻汤少许以润肠胃，无令涸竭。若仍欲饮食，须先用葵菜子（即黄菜子）汤下其药，饮稀粥二日，少少服之。此系一人之料，如人多者照分量加增。

恰巧这位专员也发明了所谓的“白泥吃法”，并且郑重其事地函告各地属下广为宣传。其方法一是将这种“全未含有营养质料”的白泥和粮食搭配而吃，“粮食须占六七成，其害较少”；一是在食后“须用谷草节或地黄瓜根，熬水服吃，助其消化”。

然而无论是那位慈悲为怀的老人，还是这位饱食终日的专员，似乎都忽略了这样一个最基本的事实：此时的百姓手中果真有六七成的粮食或“白面”“稀粥”，又何苦吃蜡辟谷掘白泥？

有赖于四川省粮食调查委员会一位官员在达县、宣汉等灾区的细心调查，我们才有机会揭开饥民家中的锅盖，亲眼瞧一瞧锅里的食物：

> 柿子树皮饼、蕨牛儿饼（内和少许粳粉）、棕树粉饼、枇杷树皮饼、如朗树皮饼、葡萄饼

（外和糠壳的）、冷饭沱粉饼、粉葛、葛穰、葛灰饼、桐麻树皮、都梗、麻葛饼、毛芋头、老鸦蒜、观音木、麻葛、藜萝卜、麻角、蕨苕、粉葛根、细糠、芭蕉头、梧桐树皮、野荸荠、地木耳、石宝菜、地骨根、夏枯草、水芹菜、清明菜、黄荆叶、鹅穰草、水湖菜、狗耳挖根、牛耳代黄根、安子苕、慈果面、稻壳米、竹节面、山萝卜、木乔皮、石榴皮、棉子树皮、狗肉、猫肉、蛙肉、神仙面……

千万不要小视了这份由野生动植物组合的食谱。至少在宣汉县，就有12万人依靠它们熬过了荒年。这些食品虽然也不乏“味甜”“味微甜”的“上品”“珍品”，但大都没有什么营养价值，入食后往往大便秘结，身软无力。有的如老鸦蒜，还是剧毒植物，即使用水漂过十多次再做成饼和汤圆，吃后仍然让人头晕目眩。至于号称“神仙面”的观音土，亦即白泥，则只能给人一种填满肠胃的感觉，却难于消化，许多饥民食后无法排解，竟至肿胀而死。

但是随着饥民人数一天天增多，可食之物一天天减少，就连这种可能致人死命的“神仙面”也变得供不应求了。

在武胜县清平乡，由于众多饥民争相挖掘观音土，致使掘土太深，石岩崩塌，当场压毙40余人，其中多数是儿童。他们有的破脑，有的折肢，有的全身粉碎，有的五脏俱出。但是未死的同伴与后来的掘食者，对此却似乎熟视无睹。他们为饥饿所逼，仍在新死者的旁边继续他们的“寻食”。

面对千百万饥肠辘辘的灾民，有限的荒野郊原也无法容纳更多的生存机会了。于是，在通向集镇，通向县城乃至通往重庆、成都的大路上，鸠形鹄面的灾民，扶老携幼，源源而去。然而等待他们的只是十天半月才发放一次的一碗稀粥。许多饥民，在饥饿与疫病的交相攻击下，往往未到粥场就已经僵仆不起了。重庆警察局的统计显示：该市1月份饿死人数1428人，2月份增加到1442人，3月1日至10日又有700余人沦为饿殍。这些都是从附近各县逃来求食的饥民。在通往云南、西康、湖北以及其他各地的逃荒路上，正不知有多少灾民客死他乡！

迫于饥饿的灾民，不忍眼睁睁地看着亲人饿死，同时也为减轻自己的负担，有不少人将妻子儿女引入市集，插标售卖。饥荒最严重的川北一带，女孩子十三四岁，已十有八九结发为人妇了，因为家中实在养不起。内江县一位周姓灾民，养不了年幼的儿子，又无人愿意收领，只好将他塞入柴捆中，以每斤70文的价钱卖出。许多卖不出去的幼子，就只能弃之于街头、路边。当时的南充城里，满街可见无人照料的灾童，有的还只是一两岁。他们匍匐街头，用奇异的眼光打量着行人，打量着来往的车辆。他们还不知道自己被遗弃，更不知道什么叫天灾。

还有更残酷的事情。

只要翻一翻当时在四川发行的大小报纸，人们不难发现这样一些骇人听闻的消息，如“巴中曹明国饿极烹死尸”“剑阁饥民饮食匪人臂”“垫江灾民饥餐匪人头”“宜宾罗某杀子而烹”“铜梁王洪太忍心烹亲女”“靖化李女烹弟疗饥”“杀人为粮”，等等。为了不至于让读者的心灵承受太多的冲击，还是用一首民谣来代替那些可怕的细节描写吧：

饥民食人肉，
闻之伤心不忍说。
告尔饥民勿再食，
食尔之人在尔侧。
食尔之人又将死，
同此死生争顷刻。
如此残魂将安归，

如此奇灾曷有极！

川匪甲天下：从兜米犯、土匪到官匪

叫天天不应，叫地地不灵，饿极无奈的饥民，被迫将希冀的目光投向社会的另一阶层，投向高高在上的统治者。

起初，人们还只是用和平请愿的方式向官府要雨、要粮，要求正当的救济。

在夹江、青神等县，各地乡民因为小春失收，播种无望，便从 4 月初起，自动地联合起来一批批地到县城聚众请愿，“逼向县长要雨”，而且每天都将龙王菩萨抬往县府敬神烧香。

仁寿、井研等县的农民，或数千人，或数百人，每人手持一把枯禾，游街祈雨，然后集合在县署之前，一面口称“送县长礼物”，一面要求给饭赈济。

江津县灾民，则在县长出行之际，成群结队跪地拦阻，吓得县长居住府内，不敢出街一步。

云阳县白岩乡 200 余名灾民代表，甚至异想天开地“泣恳”县府允许他们“食大富”，以求“度过水火荒月”。但不管灾民的呈词如何哀痛，如何令人不忍卒读，其性质毕竟属于“非法举动，有碍秩序安宁”，所以也毫无疑问地遭到了县府的拒绝。

官府既无望矣，愤怒的饥民只有依靠自身的力量夺人之食了。他们的首选目标，也是最常见的攻击对象，自然是地主豪绅等“大户”，其次则是城镇的米店粮行以及米商的米船米车等。就是政府的粮仓和军队的军粮，也难免被饥民一抢而光。可以说，只要是有米有粮的地方，就会出现饥民抢米的风波。他们往往手持小刀，遇有米船米车经过，即一拥而上，划开布袋，然后用篾篓或布帕将米包裹而去。在四川，抢米也叫“兜米”，大约就是这个缘故。

有时候，连田地里生长的庄稼、富家大院里栽种的芭蕉树，以及其他一切可食之物，也都被列入饥民的劫单之内。著名记者范长江在勘察川灾的路上，曾经目睹了这样一幕让人既惊心动魄又啼笑皆非的抢萝卜大战：

从嘉陵江上游运下来之萝卜，曾在武胜遭受灾民的抢劫。运萝卜的船只，知道沿路灾民太多，不敢靠岸过宿，把船停在河心。然而灾民竟不管河水的深浅，男女老幼都一齐向船蜂拥而去，因而溺死者不少。治安当局出而镇压，也没有人肯如平时那样听任指挥。有抢得萝卜之饥民，警察强其退还，乃将所持萝卜每个皆猛咬一口，意在即令退回，物主亦无法再卖，或可因而惠赐，以供一饱。

显而易见，饥民唯一的目的在于求得一饱，所以通常只是看中米商或富室的粮食，而并不针对米商富室本人或其他财富。兴文县的饥民在发起“吃大富”时，则张贴告白，宣称：“凡可果腹，即可请求，其他衣物，不准夹带，俾有别于土匪，庶延续乎残生。”对于过往的米船米车，饥民们也是“抢米不抢钱”，或者只是要求平价出粜。唯其如此，偶尔也会发生催人泪下的故事。据报载：

隆昌城北土桥子赖某，所种蚕豆，常被人割去豆尖，忿极，某特暗伺之。未几，即有一中年妇，率一五六岁孩子而来，鹄面鸠形，闻妇呼子而告曰，你不要太摘长，恐怕祖母吞不下。赖某于是知系孝妇，当诘之，妇呜咽不可仰，答已摘此豆尖，和白泥炊以奉七旬有三之老姑。己则同孩子吃树根等和白泥。赖某闻此情景，为之泪下，其孩亦哭，三人竟哭作一堆。旋赖并给以高粱半升，令其携返奉姑而去。

绝大多数的抢米夺食者没有这么幸运。他们在抢米过程中，不是遇到当局的干涉，就是被当作匪类受到武装警察镇压，因而经常发生暴力冲突或流血事件。有竹枝词一首为证：

万人空巷集江滨，
兜得船头米数升。
报道一声枪响也，
争先恐后去纷纷。

于是，铤而走险、投身为匪的灾民也就比比皆是了。平常隐伏于各地的惯匪也乘机裹挟饥民，扩大队伍。全川大部分地区，一时间匪棚林立，匪势日炽。尤其是川北的通江、南江、巴中、广安、岳池、武胜、潼南等县，几乎无地无匪。他们百十成群，或持棍棒，或持刀枪，白昼照常农作，夜则打家劫舍，甚至公然围城，与官军对抗。

不过，这些土匪多是由饥民转化而来的，所以在抢劫过程中也大都与真正的土匪有所不同。他们只是不顾一切地寻找食物，如摘包谷、挖红苕、割田谷、抢衣物等，以遮体果腹，聊以为生，此外并无他求。长寿县不少打家劫舍的饥民，被官府逮捕以后，“自供不讳，且自愿入狱”，因为这样就可以“坐食囚粮”而免去饥馁之苦了。

有的抢劫则另有原因。范长江为我们述说了这样两则故事：

有一处匪抢旅客，共搜20元，只取16元而去，并向他说，全为政府逼款太急，不得已而出此。后告之于官，捕得之，则出16元之税票见示。是全为政府而抢人。又有一匪抢人被捕，官问以为匪之由，答谓：“不必多说，请于我死后，剖腹一见，一切自可明白。”殆如言视之，则肠胃中尽属不能消化之杂草！

正如范长江所评论的，这样的土匪“坦白而动人”。也正是有了这种动人的坦白，才使我们极其真切地感受到饥民匪化的基本动因。成都《新新新闻》记者与在南阆交界一带寻野菜灾民的对话，就可以为这些土匪作证：

“你们晓不晓得，省上有发钱的委员下来了。”

“不晓得。”大家都说，随即反问我：

“是几时来的呢？要到我们这儿吗？”

“要来。”我说，“已经动身，快拢了。”

我想起刚才他们说完粮的话，便问是怎么一回事，一个非常干瘪的孩子说：

“来格两道呢。肚皮都没法装饱，他们还要催命。”

一言以蔽之，贪得无厌的官府和军阀才是真正的土匪，扰民之匪。

六　人祸天灾

——1938年花园口决口事件

在近代中国的历史上，黄河决口司空见惯，然而由政府最高当局下令破堤决口，人为地制造面积广达三省、泛滥长至9年的黄泛区却只有一次，这就是1938年由国民党政府一手策划的花园口决口事件。

以水代兵

自1937年7月抗战以来，中华大地再无片土宁静。到1938年2月，位处腹地的中州平原，也在日军铁蹄的震撼下骤然动荡起来。

在正面战场上，国民党军队节节败退。不到一个月的时间，河南战区始而豫北25县全部沦陷，继而豫东战事吃紧。1938年6月徐州会战以后，日军即迅速攻陷开封，直追郑州，意在沿平汉路南下，与进攻江西的一路日军相呼应，会攻武汉，逼蒋投降。

当此紧急关头，国民党第一战区一方面以“避免与西犯之敌决战，并保持尔后机动力之目的”为由，全军向平汉路以西地区迅速撤退；另一方面又决定扒开郑州黄河大堤，企图以泛滥的洪水阻敌西进，迟滞日军会攻武汉的进程。在6月初国民党于武汉召开的一次最高军事会议上，蒋介石竟然批准了这一所谓“以水代兵”的秘密方案。

事实上，整个决堤工程都是在蒋介石的亲自指挥下完成的，负责督工实施的则是第十二集团军总司令商震。6月4日，该部第53军一个团即“奉委座电令在中牟县境赵口掘堤，并限4日夜12时放水”，但由于挖口过窄，待掘至水面，宽不过一米，难以为继，因而直至次日上午尚未完成。蒋介石当即在电话中命令商震“严厉督促进行”，商震续派工兵营营长蒋桂楷携带大量黄色炸药与地雷，准备炸破河堤，又派39军的一个团予以协助，同时悬赏法币千元，以图加快速度。当夜，工兵营炸开了堤内斜面石基，但因黄河水落，水发量小，没有成功。

于是，商震又令第39军刘和鼎部，在第一道决口以东30米处，另派一团士兵开第二道决口，同时采纳当时担任黄河铁桥守备的新八师师长蒋在珍的建议，在郑县花园口另作第三道决口。6月7日，蒋介石特此发出密电，声称“为了阻敌西犯，确保武汉”，“决于赵口和花园口两处施行黄河决口，构成平汉路东侧地区间的对东泛滥”，其赵口之决口，限刘和鼎部“两日内完成”，花园口之决口，“令109师（原东北军万福麟部）负责，仍由39军统一指挥”。但赵口一带土质多沙，挖出的坑道，或被大风刮起的沙土填平，或被河水冲塌的堤土堵塞断流，虽然一再返工，仍不能依限完成。而这时日军已逼近中牟白沙镇，蒋介石“异常焦灼，日必三四次询问决口情况”。他还用电话指责刘和鼎说：

> 这次决口有关国家民族的命运，没有小的牺牲，哪有大的成就，在紧要关头，切戒妇人之仁，必须打破一切顾虑，坚决干去，克竟全功。

不过，此前已由新八师两个团和一个工兵连代替第109师万福麟部担任的花园口决堤任务，进展较快。先是在掘堤之前，蒋在珍谎称日军即将到来，把花园口一带的群众赶到十里以外，封锁消息；又密布岗哨，选出身强力壮的800多名士兵，分五个小队，轮流掘堤，夜间则用汽车上的电灯照明，通宵工作。他们吸取赵口决口塌方的教训，将决口加宽至 50 米，斜面徐缓。至 9 日晨 6 时，用炸药炸毁了堤内斜面石基，9 时放水。但唯恐决口太小，当局又急电薛岳，调来两门平射炮和一排炮兵，向已挖薄的堤岸一连发射六七十发炮弹，将缺口又炸宽了两丈，“水势骤猛，似万马奔腾”，加上当时大雨如注，决口愈冲愈大，到 7 月 30 日已增加至 323 米。

这时，赵口决口也被河水冲刷开来。至 6 月 11 日大雨，水流激增，势甚汹涌，水头高达丈余，决口扩至 60 余米，到 7 月 19 日又扩大到 300 米。决口之水由三刘寨直向南流，在中牟同花园口水流相汇合，沿贾鲁河、颍河、涡河之间的低洼地势向东南奔腾急泄，横冲直撞。水面宽度也由最初的几里、十几里迅速扩展至一百多里，泄入正阳关至淮远一段的淮河干流，进而横溢两岸各地，并经洪泽、宝应、高邮诸湖，由长江入海，从而形成本世纪最重大的一次黄患。

黄河决堤一度将日军约两个师团的主力困于洪水之中，并迫使日军中止了向郑州的推进。然而从战略意义来说，这种扒堤决河、“以水代兵”的手段在军事上所取得的成效，毕竟只是暂时的、次要的，是得不偿失的，滚滚浊流虽然使日军在黄淮平原上无法行动，但并未能阻止日军对武汉的会攻。日军很快改变了进攻方向，将其主力南调，并配以海军，溯江而上，6月12日攻陷安庆，6月30日进占马当，后又连陷湖口、九江，8月初即全面展开了对武汉的大规模围攻。在纵横数千里的战场上，国民党百万大军节节抵抗，终以不支而于10月25日弃城西逃。蒋介石政权“以水代兵”、保卫武汉的荒唐决策至此彻底破灭了。而实施这一计划的主要结局，则是使豫皖苏三省千百万人的生命财产尽付洪流，使中原大地横罹浩劫。

蒋介石和国民党政府对于扒决黄河大堤将要产生的严重后果应该是非常清楚的。早在掘堤之前，国民党中央通讯社就曾连续发表日军飞机轰炸河堤的电讯。掘堤完成后，蒋介石又于6月11日密电第一战区司令长官“须向民众宣传敌机炸毁黄河堤”，以欺骗社会舆论。国民党中央社随即从郑州发出专电，声称：“敌军于九日猛攻中牟附近我军阵地时，因我左翼依据黄河坚决抵抗，遂不断以飞机大炮猛烈轰炸，将该处黄河堤炸毁一段，致成溃口，水势泛滥，甚形严重。”次日又发出所谓郑州专电云：“敌机三十余架，十二日晨复飞南岸赵口一带，大肆轰炸，共投弹百枚，炸毁村庄数座，死伤难民无数，更在黄河决口处扩大轰炸，致水势愈猛，无法挽救。”6 月 30 日国民党军委会政治部长陈诚在汉口举行的记者招待会上重复了这一套虚假的宣传。同一天，蒋介石在接见《伦敦每日快讯》记者时发表的谈话，一面曲意掩盖事实，一面又不无得意地宣称：“豫省水灾……日人亦承认其作战计划，受水灾影响，日军在水灾区所受之损失必大，中国方面，不甚受水灾影响。”蒋介石心目中的“中国方面”，自然是指他统率的军队，而不是被大水吞没的民众。

为了对付外国记者的采访，国民政府特派新八师在花园口附近伪造了一个轰炸现场，还煞有介事地调集大批士兵、民工“抢堵缺口”，试图混淆视听。

但是，尽管国民政府百般掩饰，当时一些中外记者还是看出了决口的真相。法国《共和报》的一则评论不无讥讽地指出：“中国已准备放出大龙两条，即黄河与长江，以制日军的死命，纵使以中国人十人之命，换取日本人一个性命，亦未始非计。”

泛区挽歌

黄河决口后，豫东平原首先被淹浸在滔滔浊流之中。这里地势平坦，河床狭浅，黄水自溃口穿出后即以万马奔腾之势向东南直泻而下，6 月 13 日横贯中牟，14 日至尉氏，15 日入扶沟，16 日入西华，20 日至淮阳、周口。洪水所至，汹涌澎湃，声如雷动，转瞬之间，呼号震天。

由于这次决口纯粹是人为造成的，决口时又不在黄河汛期，加上风云四起，兵荒马乱，因而当滚滚黄水像千万头巨兽咆哮着奔腾而来时，人民事先既无准备，临时又无逃避之法，只能任由浊流漫卷，洪涛肆虐，受到的打击，也就比往常的决口泛滥来得更加沉重，也更加惨烈。

洪水过后，那一望无际的浪涛中，只能见到稀疏寥落的树梢在水面荡漾着，起伏的波浪卷流着木料、用具或各种尸体。孩子的摇篮随着河水漂浮，还可以断续听到啼哭声。全家葬身于洪水者不知凡几，甚至有的全村、全族、全乡的男女老幼无一幸免。

其中如中牟，全县 2/3 陆沉。鄢陵县水深时，高粱梢头可以渡船。到 8 月中旬水落时，还有一人深的淤沙稀泥，房屋倒塌处一片模糊，农民用仅有的抢回来的干草搭成茅棚，在干丘上居住，往日的大街，则成了渡船的路沟。扶沟灾情更重，受灾面积竟占全县的 8/10，东西宽约 30 余公里，南北长约 70 余公里，全县36万人口，灾民就有24万。

据河南省政府当年9月上旬的统计，该省遭灾者共有15县，被淹面积25909方里，财产损失法币约6300万元，待赈难民122万余人。

黄水出豫后径奔皖境淮河两岸。皖北地势原较河南东南部为低，加以川渠交错，湖泊相望，主要河流如涡、颍、淝等水均来自豫东，并以淮河干流为其汇注归宿，因此，当黄溜南泛入境后，迅即顺势而下，汇注入淮，黄淮两水相聚暴涨，致使上下游淮堤溃决，两岸一片泽国。受灾县份计有18个，被淹面积345万亩，灾民达300万。

阜阳县受灾最重，因黄水倒灌，县城岌岌可危，城外数百里一片汪洋。据国民党阜阳县政府的统计，“全县120个乡镇，有80个乡镇埋于黄涛之中，最深者6米以上。淹没了2676092亩土地，漂走了166827间房屋，淹死了3053人，有572385人无家可归，僵卧街头，惨不忍睹”。

此后，黄淮并涨，直迫苏北。据9月9日《大公报》消息，夺淮而下的黄河大溜，“水头已入洪泽湖，泛滥东流”，加上“夏秋以来，飓风暴雨，平地水深数尺”，洪泽、高邮及宝应诸湖一时宣泄不及，水位骤升，“淮属及高、宝、江、泰等县滨湖地区圩堤溃决，田庐沉没，被灾区域逾10万方里，数百万灾黎待哺殷切”。当泛水高涨之时，“房屋小树，低者没项，高者半浸”。

被洪水逐出了家园的千百万难民，大部分只能四处流浪。他们扶老携幼，纷纷向西迁移，仅郑州附近，就聚集了数万难民，食住皆无，情况堪怜。在许昌到鄢陵的路上，每个村庄的旁边，每个大树荫下，都可看到这流浪之群，展晒着被黄水浸透的被窝，在一旁陈列着小车、挑筐、柴捆及一些破破烂烂的东西，每当有人上前问个究竟，一句话还没问到底，就引起周围一群人的眼红。凄怆中回答着：

一切都淹完了！

《河南民国日报》一位署名“冠生”的记者在调查黄泛灾情时触景生情，写下一首泛区流民诗：

黄水望无边，灾情实堪伤；
村村皆淹没，家家尽饥荒。
贫者本苦难，富者亦无粮；
结队离田园，流浪至何方？
忍饿暑天行，面瘦黑又黄；

偕妇载婴儿，啼号道路旁。

日落原野宿，辗转秋风凉；

流民成千万，何处是家乡！

这首诗所描写的，只是这场特大浩劫的一个小小的侧面而已，远不能概括黄泛区民众曾经遭受的苦难。然而，尤其可悲的是那些逃往敌占区的灾民，可谓才离狼群，又入虎口，命运更加悲惨。

中牟某村，地势颇高，黄水从村西流过，只淹没了部分土地。附近两村被水淹没的村民纷纷至此避难，希望黄水退后，回村重建家园。谁知刚过两天，这里就遭到了日军的洗劫。无辜的百姓，有的被刺刀乱刺而死，有的被零割剥皮而死，有被吊在树上用火烧死的，有被割去脸上的肉而被活埋的，有被剖腹掏心的，有被困在地窖里被瓦斯弹毒死的，种种惨象，不一而足。村中妇女大部分被日军强奸、轮奸，连十二三岁的幼女和六七十岁的老太太都未能幸免。在这场浩劫中，从洪水中逃出的灾民和本村百姓，总共有 200 多人惨死，100 多位妇女被强奸。

太康县有 200 多个灾民结队逃难，行至睢县南面的河堤岭附近时，与一队日军相遇。数十名灾民逃跑时被打死，几十名受伤的灾民则被日军用刺刀乱戳毙命。余下百十人被日军俘虏，在威逼之下被迫扛行李、背弹药。一些老人和孩子因体力不支，走路缓慢，不是遭日军鞭挞，就是遭刺刀乱扎。沿途惨叫哀号之声不绝。

安徽蚌埠和凤阳临淮关等地的农民在黄水过境后，也是四处逃生。日军乘机抓捕青壮年灾民，或送往东北做苦工，或留在占领地修筑公路和炮楼。仅蚌埠一带就有 5000 多名青壮年被送往东北。他们被押解在闷罐车中，日军为防止他们逃跑，数日之内不开车门。只是在火车途经北京时，才在日军的严密警戒下，打开车门向车内送水送饭。时值酷暑，车内灾民因饥渴、闷热患病而死的多达两千余人。

滞留于泛区的民众同样在劫难逃。受当时的政治背景和军事环境的影响，黄河决口直至 1947 年 3 月 15 日才堵筑合龙，滚滚洪流，一连 9 年狂奔飞泻，在淮北平原上形成一个面积广大的泛区，也就是著名的“黄泛区”。因此，豫皖苏平原的广大民众经过黄水的此番残酷的洗劫之后，并不能如往昔一样地重整家园。“开河渠，筑堤防，河东千里成平壤，麦苗儿肥来稻花儿香，男女老少喜洋洋。”这种在和平时期都难得一遇的年景，更成为遥远的梦幻，等待着人们的是一段似乎漫无休止、万劫不复的苦难历程。

1939年夏秋之交，河南省淫雨连绵、山洪暴发，黄水骤涨，河流泛滥，被灾最重的是七区扶沟、西华、淮阳、沈丘、项城、太康等县，被淹田禾不下百余万顷，罹难灾民多达数百万之众。

1940年仲春时节，黄河桃汛骤至，麦收绝望，沿岸数十里之内，“村无烟火，野绝行人，不闻鸡犬之声，但听鸱枭之鸣，间有少数一息残喘之饥民，则以寥子蛙卵为食，鹄面鸠形，弱不胜风”。至7月、8月之交，各地又连降大雨，黄水再次暴涨，沿河各县受灾面积达7500余平方公里，被灾难民达826000余人，财产损失总计4183万余元，灾民遍野，惨不忍睹。

1941年春夏，黄河太康县境两度决口，自尉氏以下，“横宽达百里左右，汪洋一片，灾黎嗷嗷。居民十之八九外逃，残留者非老弱即妇孺，均以断垣废墟栖息，以草种水藻果腹。田亩虽有因淤高而露出者，因籽种缺乏，人畜力不足，亦大都任其荒芜，遍生芦苇野柳。留于其中之妇女，多以敌区负贩食盐，或利用池滩盐土制晒硝盐为生，跣足裸臂，涉渡泛水，苦情惨状，见所未闻。至病者无资医治任其死，死者无地葬埋任其漂浮之情况，则更惨矣。”

1942年8月、9月间，河南鄢陵、扶沟、陈州等十余县，黄泛为灾，悉受水患。由郑州至蚌埠间宽百余里，长有千余里之地，田禾冲没，庐舍为墟。

1943年夏间，皖北各县，黄水泛滥，十多县沦为泽国。据国民党安徽省政府的不完全统计，受灾乡镇283个，受灾田亩752万余亩，受灾人口185万余人，死亡6026人。

1944年6月，淮河泛滥。时至初冬，仍是汪洋一片，浩荡数十里。沿河堤上，草棚连绵，每达数十里，形成一幅悲惨的流亡图。据有关方面调查，受灾面积约千万亩，灾民近百万，每日在饥寒线上挣扎，嗷嗷待救。

1946年夏季，皖北各县大雨滂沱，匝月不止，沙河、淮河、泉河被黄水流灌，水位高涨平堤，而各县积水数尺，亦无法宣泄，侵蚀堤根，无土可以抢救，以致沙、淮、泉各河多告溃决，庐舍漂流，田禾淹没。阜阳、颍上、霍邱、寿县、凤台各县，十九逃难外乡就食，陆沉惨象，不忍入目。其中尤以顾、寿两县为最惨重，城外一片汪洋，逃难者多以小舟在风雨中与洪涛搏斗。

翻一翻20世纪中国的洪灾编年史，如此大面积、长时间的毁灭性浩劫确属罕见。就连当时曾经视察泛区的国民党军政要员也不得不承认，泛区民众“所受之牺牲，所遭之痛苦，诚为抗战军民中最大而最惨者”。

据统计，黄泛9年期间，豫皖苏三省共有44县1993万余亩的农田被淹，占泛区耕地总面积的35%；出外逃荒3911354人，占人口总数的1/5；还有89万余人惨遭灭顶之灾，占泛区总人口的4.6%。经济损失也空前惨重。三省泛区农工各业经济损失折合战前币值将近11亿元，泛区民众每人平均负担5～6元，按照当时我国人均国民收入计算，等于1900多万人将其一年多的劳动所得全部投入黄水。

黄泛9年，洪水大约把100亿吨的泥沙倾泻到了淮河流域，在泛区平原形成极其广袤的淤荒地带。在河南省，黄泛主流经过区域，“堆积黄土浅者数尺，深者逾丈。昔日房屋、庙宇、土岗已多埋入土中，甚至屋脊也不可见”。

“黄河把我们杀了！”——这一句在黄泛区广泛流传的口头禅，虽只寥寥数字，却一字一泪，饱含着千百万泛区民众无限的惨痛和无尽的哀怨。

“善后救济”

从1938年花园口决口到抗日战争胜利之前，国民党军政当局为平息舆论，稳定政局，也多少做过一些救济和善后工作。

决口后不久，国民政府曾派遣中央赈济委员会副委员长屈映光等人赶赴灾区，一面视察灾情，一面在当时黄水经过的郑县、中牟、开封、尉氏、扶沟、洧川、鄢陵、西华、淮阳、太康等十县散放赈款，同时又沿平汉路、陇海路及在平汉线以西陇海线以南各县分设难民收容所，“招待流离失所之难民”。

从 1938 年 7 月到次年 7 月，黄河水利委员会还会同第一战区长官司令部、河南省政府等有关军政机关组织黄河防泛工赈委员会，采取以工代赈方法，主持修建河南防泛新堤，该堤总长 316 公里，分两期完成。安徽省当局也奉命组织淮域工赈委员会，“沿溃水所至之处，以工代赈”，其战时施工的新堤共长1.3万公里左右。

在陕西南部的平利、陕西北部的黄龙山以及河南西部的邓县，国民政府亦曾先后设立国营新垦区，遣送难民从事农业生产。

这些措施，特别是后两项，曾被国民政府视为“抗战建国”的“新绩”而津津乐道，但是其实际效果同黄泛区人民所遭受的前所未有的灾难相比，实在是微不足道。

截至1938年底，国民党各级政府投入河南灾区的款项，包括急赈、工赈及移垦费等，总共不过122万余元，江苏和安徽则更少，分别为15万元和5000元。此后各省对于泛区灾民的赈济无不如此。1940年安徽省泛区，灾区辽阔，灾民众多，但从中央到地方发给灾民的赈款，平均“每人只有二分”。二分钱，对于在死亡线上挣扎的灾民来说，连苟延残喘的作用都起不到。

至于历年修筑的防泛堤工，堤身极为单薄，如河南防泛西堤，平均高度仅2米，顶宽4米至6米不等，根本不足以抵御狂放不羁的洪流巨浸；加上堤工完成之后又交由黄委会分段设防，而“该委员会遥居西安，深藏后方”，对于各处险工并不能“顶为防范”，因而即使在非泛期间也频繁决口，收效甚微。真正担当御灾捍患之责任的，仍是那些历经浩劫、孤立无助的孑遗之民。

尤有甚者，当泛区人民已经被无情的黄水剥夺得一无所有而陷入九死一生的凄惨境况时，国民党军政当局对他们的赋役征派并不曾稍减。在表面上政府明令泛区免税，事实上地方苛捐杂税却名目繁多，尤以军事频繁差役摊派为重。一是征兵，一是修筑堤坝。据1943年6月21日《河南民国日报》的社论揭载，沿河各县“每年所用的人工和所出的兵役比较起来，至少要多出10倍以上，人民所出的食物火料，比所出办赋税和捐派多上数倍”。如皖北新堤，每一立方土定工价洋1角，但民户则须交纳1元多，而直到1941年下半年，当局实发的1939年、1940年工价，多者不过每立方5分，少者仅有8厘，1941年甚至分文未发，再加上各级经手人层层扣除，实发到民的微乎其微。可见，国民政府组织兴建的防泛堤工，不仅没有阻挡住滚滚洪流的侵袭，反而成为强加在泛区民众脖子上的一条沉重的锁链。

至于国民党驻防军队的行为，更加令人发指。本来国民政府曾明令沿途驻军对泛区逃亡民众予以“护送”，但事实如何呢？1941年在泛区考察的那些国民党军政大员似乎也为之震惊了。据云：

> 河防部队扎其渡口，灾民无钱则不得过，接送灾民船只，扣供走私之用。濒灭哀鸿，亦只有望洋兴叹。其扶老携幼，泥水涉渡，辗转数十天尚不得登岸者，随处可见，曾有男女老幼灾民数百名停留于太康县大新集附近之泥滩中，鹄候月余，死病尽有，仍不得西渡，为本团所亲见。而查当时先后驻该地之河防驻军，则均扣有大批船

只，以供来往运私就中取利之用。至其勒索之重，更为苛及灾黎。彼等规定来往灾民处之贩卖蒸馍及零食者，每人过渡一次亦须缴纳渡口捐三毛，致在大新集街三角一个之蒸馍，到达约三里之灾民处，即加卖至五角，其情形之惨，可谓吮血吸髓。

抗日战争胜利后，国民政府在“联合国善后救济总署”的支持下，在黄泛区展开了为期将近两年的善后救济工作，堵口复堤，遣民归耕。然而由于它主要是利用“联总”提供的物资来实施的，因而就决定了其工作的临时性和物资供应的有限性。正如河南分署的一些官员所说的，“以八年来的灾难，要用不到两年的时间去救死扶伤，而使创痛皆起”，“自不免要感到推进业务的困难”；尽管一些工作人员也曾“费尽心思，想叫那一片人民活起来，土地能够生长东西”，但是“这个工作，可以说刚刚开始，也可以说只是一种尝试”。所以，当1947年工作结束时：

归来的难民，虽然受着我们的救济，但是粥少僧多，杯水车薪，并且在缺乏农具的情况下，也没有生产能力。他们没有衣服穿，没有粮食吃，没有房子住，也没有工作做。在这样风雪严冬之时，他们的确是不易活着呢！

即使是已经进行的救济事项，在具体实施过程中也存在着很大的弊端。由于各种业务，大都采取合作办理、委托办理或经交地方政府办理等形式，结果使得国民党政权那种无以复加的官僚积习和腐败之风得以大量侵入，严重地腐蚀了善救工作。何况所有物资又大都来源于积极支持国民党发动内战的美国，因此在工程执行过程中必然秉承国民党及其后台美国的意旨，而远远背离了“联总”声称的灾区赈济“不以宗教政治信仰种族之不同而有差别”的一般原则，不仅对解放区的施救极为有限，甚至还包藏着一种不可告人的祸心。

早在抗战期间国民党军队从中原大地溃退时，中国共产党领导的抗日武装就已挺进敌后，逐渐在黄河故道的河床及两岸开辟了冀鲁豫解放区并山东解放区之一部。人民武装还深入泛区，寻找和组织劫后残生的人民群众，帮助他们开垦荒原，重建家园。抗战胜利后，故道之内早已拓荒建村，拥有 40 余万居民。而故道两岸的堤防，因年久失修或战争的破坏已残破不堪，不足以抵御洪流。因此，在堵决花园口黄河决口之前，理应移民复堤。

但蒋介石却故伎重演，先是下令于1946年3月1日在花园口秘密兴工堵口，其后又置中国共产党的抗议和社会舆论的压力于不顾，在双方谈判未有进展之时，迫不及待地严令迅即堵筑决口，“限期完成，不成则杀”。其用意无非是要将豫皖泛区移于豫北、山东，利用黄河水势，淹死鲁、豫解放区的人民和部队，隔断解放区的自卫和破坏解放区的生产供给，以达到他的军事目的。

这种引导祸水北移、反共反人民的举措，实际上是国民政府决口之初的“以水代兵”政策在新形势下的继续和发展，只不过用心更为险恶，手段更加拙劣而已。在新旧中国两种命运大决战的前夕，蒋介石的倒行逆施必将为人民所唾弃！

七　海河怒涛

——1939年海河大水灾

1939年7月至8月，天津沦亡两周年。华北地区连日暴雨长达40余天，怒啸的海河水再一次袭击了华北重镇天津城及其周边的广大地区，包括80万天津民众在内的晋冀鲁豫900多万灾民，又被无情地推到了死亡线上。

大水浪滔天

每年的7月、8月，几乎都是海河流域的暴雨季节。横亘于该流域西部、北部的太行山、燕山两大山脉每每阻挡着海洋水汽的畅通深入，使雨区位置几乎全部落在本流域之内，并借着阶梯形地势把降雨量全部倾泻到海河水系，泛溢于海河平原。因此，尽管这里的人民与华北其他地区一样经常遭受到的是连续不断的旱灾的威胁，但对洪涝灾害却也并不陌生。当时流行的一首民歌就以极其哀怨的格调道出了海河儿女的此种困境：

大水浪滔天，
十年倒有九年淹。
卖掉儿郎换把米，
卖掉妮子好上捐。
饿死黄牛打死狗，
背着包裹走天边。

1939 年的 7 月、8 月，是海河流域又一个暴雨季节，而暴雨次数之多、雨期之长、强度之大、范围之广，却是近代历史上罕见的。

从 7 月 9 日到 15 日，第一场大暴雨自南而北袭击了太行山以东、燕山以西大范围地区，冀南各河河水猛涨，滏阳河、漳河、南运河、卫河，等等，一日之内，水位猛涨七八尺，甚至一丈有余。冀南 51 县，有 36 县沦为泽国，受灾农田 593 万亩，灾民 300 万人。

这场暴雨中，北运河上游及永定河官厅山峡一带是北部暴雨中心。半个月之后，这里再次成为暴雨集中的地带，其强度比第一次更大。从7月24日到28日，一连5天，倾盆大雨自天而降，潮白河、北运河、永定河、大清河，无不暴涨成灾。

7月25日，永定河巨大洪峰将卢沟桥石栏杆冲垮，洪水泻入大清河、永定河，致使大清河、永定河下游堤岸多处决口，洪水漫入武清县境内，京山铁路两侧一片汪洋。

7月26日，潮白河的苏庄闸被冲毁，洪水经箭杆河入蓟运河泛滥成灾。

7月27日，北运河下游右堤溃决，天津正北方向沦为一片汪洋。

7月底，白洋淀东南千里堤溃决，洪水淹没文安洼，白洋淀水深超过10米。

夏去秋来，大雨仍旧下个不停。8月11日至13日，第三次暴雨出现，主要集中于天津东北方向的玉田、遵化以及京西昌平等地。加上前两场降雨量，昌平7月、8月两月总雨量达1137.2毫米，至今仍为北京西北部一带有资料记载以来的最高纪录。于是，紧随在冀中、冀南之后，冀东地区也因暴雨成灾。平津铁路两侧也是一片汪洋，路基多次被水冲断，通县全部被淹。自北平南郊至保定，大水茫茫无边际。

洪水范围还越过海河流域，向南延伸到黄河支流的沁、丹、汾河流域，向北扩大到滦河流域的中上游，向东则波及鲁西、鲁北一带。合计晋、冀、鲁、豫四省及天津一市，洪水淹没面积近5万平方公里，受灾农田5200万亩，被灾村庄12700个，淹毁房屋150多万户，灾民900多万人。京山、京汉、津浦、京包、京古（古北口）、同蒲、石太、新开（新乡至开封）等8条铁路160公里路段、49座桥梁被冲毁，水毁公路565公里，公路桥梁137座，华北的交通几乎完全断绝。

这次洪水是以“百年未见”“八十年来所仅见”的印象而铭刻在海河人民的记忆中的，同时不能泯灭的还有日本侵略者令人发指的罪恶。

当时，已经占领华北大部分地区的日军，一方面为消灭八路军抗日游击部队，一方面为保住日军在华北的侵略基地天津，保住日军通向南方的主要通道津浦路，竟然在沦陷区和游击区大肆掘河放水，永定河、大清河、子牙河、滹沱河、滏阳河、唐河、卫河、沁河等，先后被扒开决口182处。在德州、隆平、平乡、东光等地，冀南日伪军甚至用机枪扫射修补河堤的民众，仅德州一地饮弹而亡者即达50余人。

天灾加上人祸，多灾多难的华北民众几乎陷入万劫不复的境地。据英文报纸《字林西报》记者当年10月18日报道，河北中部、南部的广大区域，“仍属一片汪洋，许多城镇与村落，确实仍淹水中”；津浦铁路线以西乡野，极目所见，“类似大湖沼，偶有地面村落较高之房屋，犹在水面，若海中岛屿然”。由于秋季粮食及棉花作物被毁殆尽，广大民众只能“以树木根叶充饥，以延残喘，灾象已成矣”。

天津陆沉记

位于“九河下梢”的天津城，并没有因为被日军标上“王道乐土”的字样而幸免于难。

作为华北五大河唯一入海尾闾的海河，每当夏秋之际暴雨成灾之时，都要承受来自上游各支流洪水挟带而来的大量泥沙的压力，年复一年，淤积日深。早在1928年8月、9月间，天津下游20里以内的河床，就已经较往年淤高七八尺。日军占领天津后，更是极尽侵略剥削之能事，从未曾疏浚河道；天津的社会经济也因战火硝烟的破坏与军事封锁而呈现出极度的萧条与衰败，已失去了抵御特大洪水的能力。等到汹涌的洪水从四面八方向天津汇聚而来时，束手无策的天津城只能交付命运的安排了。

洪水逛名城，
小民不安宁，
人在房顶睡，
船从桥上行。

这首诗是在水淹天津之后一位当事人的感观。事实上，这段不无幽默的笔触凝结着的却是大水破城时种种骇人心魄的苦难和悲痛。从至今尚尘封在图书馆的一份有关天津水灾报告中，读者可以大略窥见当时至为惨绝的场面：

乃于8月20日下午三时，忽以陈唐庄大埝崩决，俄顷之间，海河以南平原尽成泽国，其奔流所及，由小刘庄而土城，而东楼，而谦德庄，而佟楼等处，悉被漫衍。又以南运河决口，引水入海，不意倒灌，由南面通达墙子河各处漫溢决口，内向倾泻，因而日、法、英三租界同受巨浸，当晚波及城内，以至南开南市、西广开西南城角等处，平地水深五六尺至丈余不等。复以旬日之内大雨滂沱，水势益加猛烈，海河冯家口同时溃决，灌入铁路左右。大直沽至大王庄一带以及唐家口，东局手，沈、王、郭、旺等庄，皆被淹没。当洪水之猝来也，若海潮之奔腾，若波涛之澎湃，势极汹涌，猝不及防，男女呼号之声，惊骇杂沓之状，至为惨绝。

大难临头之时，无助的天津人还是作出了自己的努力。他们在屋门前准备了装土的草袋，门槛处砌起高高的护阶，胡同口也堆放着挡水用的木桩、土袋，大直沽等地的数千商民在洪水到来之前还自动地聚集起来，奋力抢堵。但因水势过于汹涌，它甚至等不及漫卷回来，就顺着一条条下水道、地沟以及地面上的每一条裂缝或砖缝喷涌而出，其来势之猛，速度之快，令人猝不及防，天津人还没有意识过来，洪水即已将街道、胡同、住房全部吞噬，转眼之间变成汪洋大海。

日、英、法等国的租界应该说是天津城内最安全的地方。8月20日中午前，天津郊区5万多难民为躲避洪灾，乘坐小船、舢板和牛马车，携带各种家具以及500余头奶牛，纷纷进入英租界。这股求生的人流是冒着生命危险越过日军封锁线而进入英租界的，却不料紧随而至的洪水同样越过了日军工兵赶筑的御灾工事，席卷了日租界，而后又漫入英、法租界。有资料显示，当日下午5时半，日租界即全部陷于大水之中，其中花园街水深5尺，芙蓉街水深4.9尺，桔街4.5尺，旭街3.5尺，春日街4.2尺，明石街3.8尺，荣街3尺，须磨街2尺，淡路街3.3尺，福岛街3尺。22日，英租界中街水深已达2尺，法、日租界之水则深达7尺。

其后，洪水水位还在不断上涨，24～25日达到高峰，海河水位平均上升到6米，最高水位达6.5米。至25日下午，天津市被淹面积达78%，被淹房屋达16万间，其中倒塌房屋1.5万间，受灾人口70万人。整个天津只有北马路，东马路的靠北半条大街及河北一带幸免于难，方圆未及三四里，几百万人口就聚集在这一小块孤岛上面，全城一片凄凉。

不能说日本占领军对洪水无丝毫防范，为确保其战略基地的安全，他们也曾采取了某些措施，如扒决南运河“引水入海”即为一例。然而具有讽刺意味的是，这一举措以不顾中国人民的生命财产而起始，却以引水倒灌、水淹日租界而收场。几百万市民固然遭受了灭顶之灾，别有用心的日军损失亦属不赀。因为水灾危害最严重的地带如日租界，特一、二、三区，南市，八里台一带，正是日方商店、工厂、货栈的集中之地，大量物资付诸洪流，数百栋房屋受损，许多新建的工厂无法生产，数千日籍小商人资本尽失。日军的军用飞机也被洪水冲毁了130多架，占总数的87%。此外还损失了3个月的军用汽油和大批军火给养等军用品。再加上活跃在华北平原的八路军游击队一面奋勇抗灾，一面继续作战，力量不断壮大。日军总是事与愿违，当时的《字林西报》对此曾有一段精彩的论述：

> 日本自夸洪水可以逐出游击队，然彼等自身亦被逐走，洪水根本无助于日军也。

死　城

大水袭击后的天津城变成了一座死城。

九河下梢的地理位置不仅决定了天津的洪水来势之迅猛，也决定了它的去势之缓慢。由于上游来水不减，下流宣泄不畅，市区积水直至9月上旬仍然忽涨忽落，水位变化不大。入冬之前，大部分市区总算涸出来了，可百余万天津人已经在水中浸泡了一个半月有余。一位被洪水赋闲的市民这样写道：

> 屋顶酣睡成卧榻，
> 忍饥隔宿身萧瑟，

楼窗开处可登舟，

远望俨然如燕。

事实上，能够如此酣睡于楼顶，对于天津城绝大部分老百姓来说，已算是天堂仙境了。他们不是露宿于树林里、河岸边，就是栖息在未被水淹的街头或铁路的路基之上。炉灶已经被洪水冲毁了，燃料还浸泡在水中，粮食、饮料更是异常地缺乏。年届 73 岁的莲塘老人记下了当年 8 月底的物价：大米每包 40 余元，面粉每袋 10 元以上，玉米面每斤 0.25 元，大饼每张（不及 6 两）0.2 元，猪肉每斤 1.4 元，牛肉每斤 1 元，花生油每斤 1.2 元，芝麻油每斤 1.6 元，豆酱酱油每斤 0.3 元，韭菜每斤 0.3 元，煤球每斤 35 元，蜡烛每包 1 元。物价之高，是这位老人一生中仅见的。许多难民只能以树皮为生。

大水猝发之际，许多人因逃避不及而被淹没在洪涛巨浸之中，据说洪水第一天就淹死了 1000 余人。这些人的尸体往往随水漂流，并在水中膨胀腐烂。与之俱来的还有大量人畜的粪便、腐败的货物，在烈日曝蒸下，臭气冲天。再加上秋初气燥，乍热乍寒，中暑、痢疾、霍乱、疟疾以及各种皮肤病，便在饥民群中迅速蔓延。在天津城 1 万余名非正常死亡的人口中，患这些病而死的当属大多数。

树挪死，人挪活。被洪水逐出家园的灾民不得已忍痛逃离家园，再次开始了“背着包裹走天边”的无奈生涯。据日军难民处理部的统计，洪水期间向外移动及自动离津的，总共有133000余人。而且，如果没有下面两个条件的限制，出外逃荒的人数还会更多。

首先是交通的中断。城外，铁路被毁，公路被淹，天津城早已是一座孤岛。城内，水灾后头几天，除浅水处尚有人力车外，绝大部分地区已经没有任何交通工具。渐次有木筏往来，小船飘摇，但船资猛涨，多数难民因无力乘雇，只好用舢板、破床、木门、木盆作筏，有的则将汽油筒做成浮筒，或者用皂箱相系成筏，可谓五花八门。如此简陋的交通工具，如何能做到慈航普渡呢？

日军的军事封锁更是一道可怕的障碍。为维持其统治秩序，日军于水灾后设立了很多岗哨，严禁华人通过。在通往东站的万国桥，日军的岗哨每小时只放行一二人，以致“租界居民之无家可归者，拟到华界投宿亲友家，守候检查，往往一二日不得过”，“该地居民所受苦恶较津市其他人民尤甚”。第二年春，天津至保定一带又遭旱灾，粮食匮乏，树皮每磅售价

9分，柳叶1.2角，草根1.5角。后有美籍传教士在高阳东北开设施粥厂，灾民纷纷前往就食，结果同样遭到日方的阻止，粥厂也在三天后被勒令关闭。

日军此举一个重要目的是防止灾民集结，强化治安，故而对于逃出返乡的难民以及从他乡逃往天津的灾民同样百般留难。天津被淹之前，平汉铁路北段各县难民纷纷逃往北平，却每每在天津各城门及车站被日伪当局阻止入城，结果只能在城墙下露宿。水灾后，日军又强化了市民的户口登记和管理。据时人记载，凡从北京唐山方面来津的乘客，如没有旅行许可证，就不准在津下车，“盖亦恐不逞分子之乘机扰乱也。水区居民之旅居外埠者，悬念父母妻子，不知是否逃出，欲归不得”。当时因水灾逃到北平而后返乡农民，还时常遭受日人虐待，只要身边藏有法币，非遭凶殴，即被处决。

天津各社会团体的救灾活动，也因日军的封锁和干扰而难以为继。世界红十字会天津市、县两会，因不忍目睹妇孺老弱颠沛流离的惨象，曾在城内先后设立了11处收容所，收容难民17269人。然而由于“当局为注重地方治安计，不允长期收容”，该会所办收容所只有一处时间超过一个月，其他则“仅数日，即行解散”。

逃出无路，居住无所，无数饥民便在日军的诱骗之下前往东北充当劳工。在津浦线铁路上，每天都有十几车壮丁被运往关外，有的甚至由警察强迫送往车站，“往往夫去而妻留，致一家流离失散，不知音信者甚多”。

全国解放后，据原天津伪特别市市长、大汉奸温世珍的供认，1939年水灾期间，至少有6982名天津灾民被送往日本及东北充当劳工。这些人刚刚脱离了死城天津，随即又坠入了万劫不复的苦海深渊。

滔滔海河水，何时得安澜？

八　无尽长的死亡线

——1942～1943年中原大饥荒

自1941年苏德战争和太平洋战争相继爆发后，第二次世界大战在全球范围内展开，中国的抗日战争也进入了最艰苦的阶段。

为尽早解决中国战事，侵华日军在正面战场上，一面实行政治诱降，一面发动了1938年武汉会战以来不曾有过的大规模军事攻势；而在解放区战场，日军则集中了64%的主力和几乎全部伪军，疯狂扑向八路军、新四军以及抗日根据地的广大人民。

国民党蒋介石集团政治上也日趋反动。在日寇的政治诱降和军事进攻面前，一味地坚持“消极抗日，积极反共”的既定方针，加紧了对抗日根据地的包围和封锁，人民的抗日战争陷入了极端严重的困境。

“屋漏偏遭连夜雨”。正当民族决战空前残酷、阶级斗争潜流涌动之际，一场旷日持久的特大干旱，夹杂着蝗、风、雹等灾害汹涌而来，横扫了黄河中下游两岸的广大地区，在南至鄂北、皖北、北至京津、东濒大海、西迄崤山吕梁山的辽阔范围内，形成了数十年未有的大旱奇荒。天灾战祸，交相煎迫，把这一片苦难深重的土地变成了一座人间地狱，仅河南一省就有二三百万人饿死。

灾区死亡线

早在1941年夏天日军发动中条山战役时，中原河南的干旱就成了定局。当时洛阳农村的许多老太太甚至不顾敌机轰炸的危险，纷纷赶到城里的庙中烧香，祈求老天爷保佑。不料，第二年旱情更加严重，全省大部分地区除了夏秋之交稍沾雨泽外，自春至夏，自夏至秋，赤日炎炎，滴雨未下，夏、秋两季庄稼几乎颗粒无收。据调查，仅在国统区的72个受灾县中，就有1600余万人食不自给，占全省人口的1/2以上，其中非赈不活的又有数百万人。

面临饥饿与死亡的威胁，绝大多数灾民无不从节俭中求生存。他们先是将三顿饭改成两顿饭，从两顿又改成一顿，不吃菜，不吃油，不吃盐，然后只能吃谷皮，吃麸皮，吃平常饲养牲畜的东西，最后则只能靠吃树叶、树皮和黄土等维持生命。待到秋去冬来，各地灾民都断绝了吃粮的念头，许多灾民用平常牲畜都不吃、只能作肥料的东西来填入他们的肠胃，如榨油剩下的渣滓麻糁饼，河里的笮草（鱼腥草），剥下的柿蒂，蒺藜捣成的碎粉，等等。他们还拣收鸟粪，淘吃里面未消化的草籽。不少灾民因吃了一种名叫“霉花”的野草而中毒发肿，有的则干脆吃一种干柴，一种无法用杵臼捣碎的干柴。

人吃人，这种骇人听闻的现象，在隆冬时节的灾区也已变得司空见惯了。一开始，人们只是挖掘已经掩埋了的尸体。下午倒一个死尸，夜里便会少一只大腿和臂膀。被枪毙的罪犯，如果当时没有亲属去收尸，第二天便被肢解了。有许多濒死但还能蠕动的饥民则被野狗吃得干干净净。

但更令人毛骨悚然的，还是杀食活人。郑州的马永道夫妇，即亲自动手煮吃了他们的亲生女儿香菊，但老头子吃了女儿虽然换了一饱，最后还是饿死了，老太婆则被当局抓去枪决了。巩县的黄窑村也出了一个可怖的杀人犯，名叫刘保山，他的罪行是吃了人家小孩的一只大腿，后来他将人心卖给别人，案发后被投入狱中。该县东山的一个农民，准备把14岁的女儿勒死拿到市上卖掉换成粮食，但又怕被人发觉，便打死一条野狗拖回家中，企图夜里杀死女儿后，和狗一并煮熟去卖。谁知女儿已有察觉，趁他去打水磨刀的时候逃走了。此人见势不妙，也逃得无影无踪。

相形之下，卖儿卖女，倒多多少少带有一点“人道”的气息，因为此举一来可以不让一家人同时饿死，二来可给孩子找条活路。德国人王安娜在她的《中国，我的第二故乡》一书中曾回忆说，是年入冬之前的几个月里，在各个城市的街头，到处都可以听到“卖娃了”这可怕的喊声。

此后，随着灾荒愈演愈烈，卖子女在灾区已经无人问津，绝境中的灾民，只好将自己的年轻老婆或十五六岁的女儿，用驴驮到豫东漯河、周家口、界首等人市卖为娼妓。有记者报道，在许宛公路上，大批被贩买的妇女络绎南去，大“人客”（即人贩子）用架子车一车装五六个，小“人客”则带着一两个女孩徒步缓行，还有的买上一头瘦马或瘠驴驮着一个将死未死的少女，也有一些骑脚踏车的商人，在车轮后架上带着十四五岁的女孩飞奔而去。而这些被卖的妇女，往往只剩下一架骨头。但是不管她们的命运如何悲惨，当时的人们对这种不正常的行为都深表同情，在他们看来，这总比饿死在家中强得多。

其实，在饥饿和严寒的无情打击下，饿殍载道已成为各地最普遍的现象。最初受到死神召唤的，无疑是那些老幼病残者。及至1943年春间饥荒最严重的时候，成年男女因饥饿倒毙的也与日俱增。在农村，常有些吃麦苗的妇女们，一不小心跌倒在地里之后，便再也爬不起来了。由于不堪饥饿的折磨，悬梁的、投井的、服毒的、摔死孩子的，更是不计其数。正如一位记者所说，这些河南的农民，好像苦霜后的树叶子一样，正默默无声地凋落着。

他们也曾挣扎过、抗争过。当饥荒刚刚开始但还没有使大批的农民倒下去之前。整个河南的城镇中到处都发生抢粮的暴动。地主、商人、高利贷者，甚至国民党官方的粮仓常常被成群的武装农民洗劫一空。在秋初，一大批暴动的农民还直逼河南省政府的所在地洛阳。不过，由于当局的严加防范和饥馑的残酷折磨，越来越虚弱的农民再没有进行更多的暴动。他们在秋收完全绝望之后最终踏上了外出逃荒的路途。据估计，整个灾荒期间，河南国统区约有200万人流落异乡。

在这股汹涌四泛的人流中，一批人南下湖北，一批人万般无奈地向东越过战线进入日本占领区，另有一批人则北上奔向中国共产党领导的抗日边区，但更多的灾民还是辗转洛阳，沿陇海路西进陕西大后方。然而除了历尽艰险奔向抗日边区的灾民之外，大都无法逃脱死神的魔掌。

在东路，逃往沦陷区的灾民由于根本找不到生路，不得不回到家乡等死。

在南路，常见有许多走不动、爬不起的老头、老太婆和10岁以下的孩子们滞留在公路上，显得万般无奈；在路边的小沟中，也不时有躺着的姿势很不自然的老弱，若不仔细观察，决不会发现那些是已经绝了气的死尸。

在西路洛阳车站，铁道的两沿，几尺高的土堆上，到处都挖有比野兽的洞穴还低小的黝黑的“家屋”，有的则用树枝和泥浆围成一圈，一家人挤在里面。而每一列开往西安的火车上都挤满了难民。他们紧紧地抓住所能利用的每一个把手或脚蹬，但还是有许多人由于过分虚弱而跌下列车，惨死在铁路线上。在从洛阳到西安数百里长的铁路沿线，到处都是这些人的尸体。本来，在成千上万的饥民心目中，这条铁路无疑就是“释迦牟尼的救生船”，然而事实上，这条“神龙”不仅没有把灾民驮出死亡圈，驮到所谓的安乐地带，反而驮入了一条无尽的死亡线。

和河南国统区一样，在烽火遍地的抗日最前线，山西、河北、山东等省大部分地区及豫北等地，也发生了同等严重的特大灾荒。由于持续的亢旱和日军疯狂的粮食掠夺，北平、天津、济南、青岛等各大城市，每月饿死的人平均在300人以上，徐州、济南、德州、石家庄、邢台、安阳等地甚至出现公开的人肉市场。豫北敌占区和由国民党控制的晋东南一带，甚至出现百余里人烟绝迹的惨象。冀南敌占区，灾民死亡20多万，逃亡100万。当1943年春间旱情严重之际，大名、成安、魏县一带的许多灾民往往在巷间村头斜倚仰卧晒太阳的过程中即昏死而去。

齐武同志《一个革命根据地的成长》一书，是这样追述八路军部队夜间进入这些地区的所见所闻的：

> 他们（指八路军）所能听到的唯一的有些生气的声息，就是自己的脚步声。几乎所有的村庄和家屋都寂无一人。推门进去，单见野草丛丛，一片秽芜，各种什俱，如桌、凳、橱、柜之类，都凌乱不堪地弃置着，这说明主人曾经把它们拿去变卖，而后来已无力放归原处。这些东西的旁边，往往就是僵卧的尸体。有些人正是在从事某种活动时（比如挪动一件家具或正迈出房门就地

死去的），有些人是忍受不了这种苦难而自杀的。因为无人善后，自缢而死者的尸体，一直挂在房梁上或院中的树上，黑魆魆的，加重了恐怖感。奇异的腥臭，使人难以忍耐。

在这里，很少遇到什么活的生物，只有老鼠算是例外。由于食物奇缺，这些潜伏在地下的动物，也发生了饥荒。夜间行军的时候，人们常常会看到一大片一大片灰褐色的东西，像波浪一般滚滚移动，那便是转移就食的鼠群。

在中国共产党领导的华北抗日根据地。两年来也受到灾荒的严重袭击，而受灾最重的又要数晋冀鲁豫边区。据估计，整个边区需要救济的灾民有150万至160万人。在太行区，特别是在毗连敌占区的边缘地区，当1943年春荒最严重的时候，“有的大量拍卖衣服，农具，家中杂物；有的出卖牛羊，宰杀牲畜；有的掘地或出卖育苗换粮吃；小偷盗窃之案件，普遍发生”，有的地方甚至“有拿儿换米吃，有妇女沿村找寻出嫁对象以图一食者。至于自己杀害儿女之事，也层出不穷。粮价飞涨，工匠艺人大批失业，小手工业者开张困难，乞丐讨吃流亡者随处可见”。边区人民陷入了前所未闻的苦难之中。

赈灾？增灾？

1943年初，国民党战时首都重庆发生了一桩颇为著名的新闻公案。

2月1日，时近中国传统的农历春节，重庆版《大公报》突然刊载了该报记者张高峰从河南叶县寄来的一篇通讯，向大后方人民首次披露了那里发生大饥荒的消息。

第二天，该报又发表了题为《看重庆，念中原！》的社论。社论指出，当重庆的阔人们竞相斗侈、花天酒地的时候，河南“那三千万同胞，大都已经深陷在饥馑死亡的地狱。饿死的暴骨失肉，逃亡的扶老携幼，妻离子散”，“吃杂草的毒发而死，吃干树皮的忍不住刺喉绞肠之苦，把妻女驮运到遥远的人肉市场，未必能够换到几斗粮食”。但令人不解的是，直到记者调查时，还未见政府“发放赈款之事”，尤其“令人不忍的，饥荒如此，粮课依然，县衙门捉人逼掳，饿着肚纳粮，卖了田纳粮”，想不到杜甫《石壕吏》中咏叹的情景，“竟依稀见之于今天的事实”，“看重庆，念中原，实在令人感慨万千！”

《大公报》记者只是凭着新闻工作者的良知，为河南人民说了几句真话，不料却引起了轩然大波。当天晚上，重庆新闻检查所立即给报社送去了国民党军事委员会勒限该报停刊三天的命令。《大公报》主编王芸生为此质询陈布雷，对方答曰："委员长根本不相信河南有灾，说是省政府虚报灾情。李主席（即当时河南省政府主席李培基）的报灾电，说什么'赤地千里'、'哀鸿遍野'、'嗷嗷待哺'等等，委员长就骂是谎报滥调，并且严令河南的征实不得缓免。"

2 月 4 日，国民党《中央日报》又在没有对手的情况下，以《赈灾能力的试验》为题，抛出了一篇反驳《大公报》的奇文。该文为了掩盖国民政府不恤民命，救灾不力的真相，居然把"河南人民所受之苦痛"视之为"天降大任之试验"，认为"中国正是一个天将降大任的国家"，自然应该像古圣人孟子所说的那样，要"经受种种天之磨炼，增益其所不能"。

这就是以蒋介石为首的国民党政权对 1942 ~ 1943 年中原大饥荒的反应。他们不但迟迟不采取救灾的行动，就连有关灾荒的消息也严加封锁。一夫独唱，万众齐喑，千百万中原同胞临近死亡之时，连呐喊几声的权利也被剥夺了。

而他们这样做的理由，说起来不免荒唐。当时正在重庆美国新闻工作处工作的美国人格兰姆 · 贝克，后来用一种不无揶揄的笔触道破了其中的底蕴：

在这一年（1942 年）中，就我观察到的国民党的所作所为而言，尽管他们说得动听，但其中绝大多数是表面文章。……许多这种官样文章是专门做给海外人士，特别是给美国公众看的。其中一个令人痛心的例子是“印度饥荒救济委员会”。这个委员会由蒋夫人和其他一些知名人士负责。那时因为日本人占领了缅甸并切断了缅甸对印度的大米供应，印度孟加拉邦发生了饥荒，饿死大约 200 万人。当时中国的河南省也处于饥荒之中，其程度和孟加拉邦同样严重。由于河南地处前线，没有什么外国贵宾前往，重庆国民党就不承认河南发生了饥荒，而且禁止报刊提到此事。当然也不可能有什么“河南饥荒救济委员会”。我并不怀疑在“印度饥荒救济委员会”中有一些正人君子，也相信这个委员会能把从重庆募捐到的钱送到加尔各答，拯救不少印度饥民。但问题在于这个委员会是由国民党高级头面人物负责的。他们肯定了解在中国的河南发生的事情。这些人做出一副姿态来关心一个外国所遭受的苦难，与此同时，却将本国人民所遭受的苦难的事实严格保密。实际上，正是这些人应该对本国人民所遭受的苦难负相当的责任。

欲盖弥彰。当时国内的《新华日报》、《解放日报》等新闻媒体，都在不断地报道中原灾情，一些在华的外国传教士和新闻记者也“就河南省一带发生的无法想象的惨剧，写出愤怒的报告”。来自中原腹地的灾情真相终于冲破重重帷幕而为越来越多的国内外人士所了解、关注。

迫于强大的舆论压力，国民党中央不得不在国内也做出一副姿态，拨发赈款，救济豫灾。但这样的赈济不仅没有化作中原人民的“福音”，却演变成了抗日战争后期中国最大的政治丑闻之一。

王安娜对此作了相当详尽的揭露。她写道，在洛阳的各条街道上都是饿得奄奄一息的难民，“但在饭店，政府的官员和军官们却吃着珍馐美味”，许多商人和贪官“囤积大米，大发其财，然后又派人拿赚到的钱去买濒于死亡的农民的土地、孩子和财产”，不少政府的官员和军官甚至用高得出奇的价格出售政府的小麦，牟取暴利，“而这些小麦是他们不久之前刚刚用武力从农民那里夺来的”。重庆政府“也利用饥荒的机会来发财。海外响应救济机构的号召，捐款救灾，这些钱在法定的金融市场上换成中国货币，但汇率只及黑市兑换价，亦即实际价值的1/10。这就是说，政府的银行至少吞没了救济金的一半”。等到第二年，“政府终于同意发放数百万元救济河南省”，却“可惜太晚了，对饥荒的受害者并无用处”，因为“发放救济金的人正好是那些发饥荒财的人，所以大部分救济金都落到这帮家伙的腰包里”。

格兰姆·贝克对此也作了大致相同的记述，并把河南发生的这一切，看作是“证明国民党正在走向自我毁灭的最不祥的预兆”。

当然，在我们把批判的目光集中于上述种种“内祸”之时，我们绝不会忘记日寇侵略这一“外患”又是如何直接或间接地促成这次惨绝人寰的大饥荒的。从广泛的意义上来说，日本帝国主义发动的这场不义的战争也是这次大饥荒的最根本的“人为因素”之一。如果没有日本帝国主义对中国大片领土的侵占、对大量资源的掠夺以及对中国工农业生产的巨大破坏，如果没有因此而造成的生产不足、物资缺乏、财税锐减以及战时消耗的不断增加，那么完全可以断言，中原人民乃至大后方人民是不会如此迅速地陷入无以为生的绝境的。何况在华北前线，在黄河的彼岸，侵华日军更是“用了全部的时间和精力，制造了这饥饿的大悲剧”。

抗日战争进入相持阶段以后，日寇即把军事进攻的重点转移到敌后解放区战场，尤其是华北战场。从1941年春到1942年秋，日军为了配合太平洋战争，确保华北这块“大东亚兵站基地”的殖民统治，又发动了更大规模的“治安强化运动”。华北各地，尤其是抗日边区顿时笼罩在一片刀光血影之中。据统计，在1939、1940年两年中，敌人对晋冀鲁豫边区组织万人以上的大规模进攻和扫荡共计10次，在1941年的一年之中，较大规模的扫荡就有9次，小规模的扫荡与袭扰有253次；1942年大规模的扫荡竟高达10次，小扫荡与袭扰也有262次，尚不包括对边沿地区的袭击与骚扰。如此反复的扫荡，再加上扫荡过程中残酷的“三光政策”，使边区的广大农村遭到毁灭性的摧残，“从平原到山地，没有不被摧毁的村庄，没有不被抢掠的村庄”，人民的生产能力急剧下降，生活条件也极度地恶化。

况且，为了包围和分割抗日根据地，日寇还在其势力所及之地——主要是在敌占区和敌我争夺的游击区大量地修筑碉堡、封锁沟和公路网，仅冀南区，截至1943年即有碉堡据点1103个，公路及封锁沟墙13170里，星罗棋布，纵横交错，这不仅占用了大量的耕地，而且使成千上万的中国人民被剥夺了衣食之源，还使得华北平原的生态环境惨遭浩劫，树木砍光了，田园荒芜了，完整的平原也被分割得支离破碎，原本并不发达的水利设施更加荒废不堪，华北农村的防灾抗灾能力受到了极为严重的破坏。

至于对物资的掠夺和劳役的征取就更加骇人听闻了。敌占区的老百姓曾经这样呻吟着：

> 房子被占田地去大半，
> 明匪暗贼胡乱窜，
> 儿孙被拉兄弟散。
> 仓中粮已尽，
> 娇妻太君恋！
> 禾苗荒，无人锄，
> 闾长日日催民夫。
> 民夫去修路，
> 修了汽路又挖沟，
> 修路筑堡无尽头，
> 家家户户暗地愁！

一方面是无休止的烧杀、劫掠和勒索，一方面是旷日持久的特大天灾，敌占区人民的命运是何等的悲惨。奇怪的是，一手加剧了大灾奇荒的日伪占领者，居然还厚颜无耻地试图笼络民心。1943年5月20日，在其劫持下出版的《申报》竟发表社论，声称“这次救济华北灾民成效如何，实会有重大的政治意义”，“这一区域灾民的向心，就在谁能拯救之于饥饿之中，谁就是他们所感戴的救星”。然而事实上，他们一面给边区人民送去血淋淋的屠刀，一面又在他们控制的地区广泛推行惨无人道的“配给制”，配给的粮食，大多是由关外运来的豆饼，还有树皮和麦秸碾成的面粉，而且15岁以下60岁以上的还被剥夺了受配给的权利。这样的配给制，与其说是救济，莫如说是变相的虐杀更为恰当。

长夜尽头是黎明

当日本法西斯侵略者加诸中国人民的灭绝人性的摧残已经登峰造极的时候，当国民政府腐败不堪、暮霭沉沉的政治气息弥漫充塞于大后方各地的时候，当前所未有的特大天灾随之而起、铺天盖地般地扑向黄河两岸任意肆虐的时候，1942年与1943年，这近世中国百年长河中的短短两年，堪称最黑暗的历史之页。然而，就在这种旷世未闻的重重苦难之中，一股来自社会底层的伟力迸发了出来，磅礴激荡于中国北方的一隅边区，中流砥柱般地遏制住了大自然的暴虐，并从此拓展了一片广阔的新世界。

实际上，抛开敌占区不论，两年灾荒期间，边区所面临的形势和困难比国统区要严峻得多，因为边区人民不仅仅是在与严重的天灾相抗衡，而且还得同来自日伪敌人的毁灭性扫荡和摧残作殊死斗争，在一个面积日趋缩小而且与外界隔绝的环境之中，承受着常人难以想象的困难与天灾双重荼毒的巨大压力。等到1943年7月，当那些原来由敌伪占据的灾区如太南、豫北等地被收复以后，边区政府还要负担起拯救生灵恢复生产的重任。一言以蔽之，边区人民几乎是在一无所有而又孤立无援的情况下去和巨大的天灾抗争的。

当然，就灾荒的程度而言，边区比国统区轻得多，其持续的时间也短得多，其发生的范围也不像河南那样普遍，而主要集中于边缘地区；况且当周边地区的灾情不断加剧时，整个边区的形势却逐渐好转，原本逃往外地的灾民，大多陆续返回家园，就是敌占区及黄河以南的国统区的灾民也大批地奔向边区，据统计仅晋冀鲁豫的太行、太岳二区，外来灾民多达25万人，大约相当于全边区所有灾民的1/6。之所以如此，按照这些逃荒者的话来说，就是因为“根据地是另一个新世界”：

> 灾荒愈发展，三个世界的对照愈清楚，从安阳到玉峡关的封锁线，虽然可以和敌人的封锁沟墙相比拟，但封锁不了饥饿发疯的灾民，沿着美丽的清漳河，褴褛的人群，日以继夜地向根据地内流着、涌着。

可以毫不夸张地说，这是中国历史上，具体地说是中国灾荒史上从未有过的奇迹。而这一奇迹的创造者正是中国共产党的抗日民主政府及其领导下的数百万边区军民。

且以晋冀鲁豫边区为例：早在1942年10月份灾荒初现端倪之时，边区各地便紧急动员起来，相继转到救灾工作的轨道。而救灾的第一步就是减免灾区的负担，并拨粮拨款赈济灾民。总计1943年全区公粮负担比上年减少了近1/5，太岳区同期则减少了1/3，冀南区则减少了2/3。政府直接用于赈济的粮款，就当时边区的财政收支状况而论，数目颇巨。太行区灾荒期间实际用于救灾的各种贷款达2000万元，赈贷的粮食，包括动用公粮及运用贸易手段从西部非灾区购运到东部的调剂粮等共38万余石，如以全区300万人口计算，平均每人可得1斗3升的粮食，而同期每人每年负担不超过3斗小米，换言之，即两年中人民的负担有21%都用于直接的赈济了。

与此同时，一场以节约、互助为核心的社会互济运动也在抗日政府的倡导之下，在边区各地、各阶层中广泛开展起来。党政军民各机关团体以及工厂、学校、报馆、书店、剧团、商店等各单位人员纷纷响应号召，节衣缩食，救济灾民。在太行区，每人每天节省口粮2两、1两或5钱，多寡不等，时间少则2个月，多则8个月。尤其是部队机关，长达半年之久，每人每天从1斤6两减至1斤2两或1斤。

为了进一步节约口粮，部队机关还发起采野菜运动，把采集的野菜树叶作为代食品。1943年秋天，仅太行部队采集的野菜就在100万斤以上，太岳部队从1943年后半年到1944年春，节约救灾的小米共达10.6万余斤。

为了激发人民群众的互助友爱精神，边区政府还组织募捐团或救灾公演，发起广泛的募捐活动。在灾区，提倡"急公好义，仗义疏财，富济贫，有济无，亲戚相助，邻里互济"；在非灾区，则提出"一把米能救活一家人，一斗糠穷不了一家"的口号，呼吁人们关怀灾区同胞；在敌占区和游击区，又发起“中国人大团结，中国人救中国人”的募捐运动，组织群众开展社会互济，并尽可能向灾民调剂粮食，以舒缓敌占区人民的苦难。

为了使救灾工作有充实的物质基础，边区政府逐步把生产和救灾结合起来，掀起了一场声势浩大的群众性生产度荒运动。这种生产救灾运动遍及农村生产的各个领域和各个方面，其中最主要的就是农业生产。

为了恢复和扩大种植面积，弥补旱灾造成的损失，党和政府大力领导农民，打井挖池，修河筑堤，担水浇苗，突击抢种、改种、补种，力求“不荒一亩地，不空一茎苗”。从1942年10月到1943年6月，太行区仅在漳河两岸就修筑了十几条大堤，开出滩地1万余亩，同时新建了26里长的涉县漳南大渠和22里长的黎城漳北大渠，共增加水田面积6783亩，成为太行山上空前未有的水利工程。1943年秋初落雨时节，经全区人民突击补种的荞麦、萝卜、蔓菁、芋等蔬菜杂粮，秋后大丰收，成为各地度过灾荒的一个重要转折。同年秋末的雨水之中，边区的种麦面积也空前地扩大了。冀南抢种麦地，几占耕地的1/2（平常只能种1/3），太行全区共种小麦250万亩以上，其中一至五分区有70%以上的耕地种上了小麦，有的县区种麦还比过去增加了1/4到1/3，创造了抗战以来的最高纪录。第二年小麦丰收，基本上解决了根据地的军需民食问题。

在生产救灾过程中，边区各地的驻军发挥了至为关键的推动作用。他们一面战斗，一面帮助群众进行各种生产。在冀南，由于耕牛奇缺，军队中除少数人警戒敌人外，其余都给老百姓拉犁，当“光荣的耕牛”。1943年，冀南区部队为群众锄草不下50万亩，太行区部队在灾荒期间帮助群众耕种、锄地、收割合计达42900亩。为了支援灾区兴修水利，冀南部队在1943年7月组织打井队，自带口粮跑遍大小村庄，鼓动并帮助群众打井，全冀南新开的近1万口井，几乎没有一口不浸透着战士们的汗水。边区驻军还利用战争的间隙自己动手开荒生产，太行部队一年共开荒10万多亩，产粮510万斤，山药菜蔬1266万斤，粮食、菜蔬的自给程度分别达到3个月和全年，减轻人民负担达2000万斤公粮。冀南部队每个指战员种地5亩，做到粮食蔬菜半年自给乃至全年自给，极大地减轻了人民的负担。

在救灾生产中，边区政府还大力扶持农村副业和手工业，诸如运输、纺织、造纸、煤窑、磨坊、榨油等行业，都在灾荒时期得到不同程度的恢复和发展，特别是运输业和纺织业，规模尤巨。到1943年9月，太行区仅五、六两专区就有纺妇567人，共纺花织布316502斤，得工资500936斤小米；到1944年4月底，全区参加纺织的妇女达20多万，纺织收入共计340斤小米。这不仅使数十万灾民缓解了饥饿造成的威胁，还激发了妇女的劳动热情，提高了妇女的社会地位，同时还解决了边区军民的衣着问题，打破了敌人的封锁。

由于敌祸天灾的连续打击，边区农村劳动力和生产资料严重匮乏，仅仅依靠单个的家庭分散地从事生产救灾活动显然困难重重。因此，在边区政府的积极倡导和人民群众的自发要求之下，互助合作事业迅猛发展，生产救灾运动最终走上了“组织起来”的道路。据统计，从1942年10月到1943年6月底，太行区共建合作社460个，而灾区占290个，占总数的63%。到1943年底，仅沙河、左权等6个县的统计，半年之内，合作社的数目即增加1.05倍，社员增加3.36倍，股金增加53.6倍。合作社成为边区人民战胜灾荒的重要组织之一。

这样，整个边区的党政军民在严峻的灾荒面前空前地团结起来，凝成一个不可分割的整体，汇成了一股巨大的力量，正是这种力量成为边区战胜天灾敌祸的最基本的条件。

自然灾害，顾名思义，是由大自然的异常变动引起的，因此当它铺天盖地般地扑向黄河两岸的广大中原地区之时，它是不管人们的阶级属性的，但是人们对天灾的反应及其在天灾打击下的最终命运，却因其归属的政权性质不同而截然有别。在 1942 ~ 1943 年横扫中原的大饥荒中，三种不同的政治势力向全国人民提交的不同的答卷，为未来中国的政治走向勾画了轮廓分明的历史蓝图。

九　南国奇荒

——1943 年广东大饥荒

1943 年，无尽的死亡线还从中原大地蜿蜒到岭南的广东。

当时，日寇的铁蹄已经踏遍了广东大部分地区，控制着沿海富裕之地和交通要道。在日军“以战养战”政策的摧残之下，各处交通困难，侨汇中断，物价腾贵，百业凋零。国民党政府及其军队则退据粤北、粤西，为维持自身统治，他们在这些贫困的山区也极尽榨取之能事。兵灾、战祸和百年不遇的特大干旱，终于将这片富饶美丽的南国锦绣变成一幅触目惊心的“死亡图”。大约有 300 万人（一说 50 万人）在饥饿中死去。

南国无雨又无粮

1942年夏天，当中原大地赤地千里之时，连年遭受旱涝之苦的广东省却依然没有摆脱和以往同样的命运：全省64个县市连续十几天暴风淫雨，致使早稻大面积失收。忍饥挨饿的农民，用借债抵押换来的谷种播下晚稻的秧苗，希冀着好运气。

谁知一入冬，老天爷立刻换了副脸孔，全省大部分地区开始了长时期的干旱。从这年冬至（12月22日）到翌年春分（3月21日），整个潮汕地区没有降一滴雨，田里正待成熟的稻禾大半枯死。春分后下了一场雨，但此后又开始亢旱，直至立夏，田地龟裂，禾苗尽枯。

到1943年，台山县的旱情也十分严重。谷雨之前100多天，该地居然滴雨未下。接着就是5月、6月的连旱，在6月底大雨来临之前，全县仍有6/10的农田因为缺水而无法莳植。

在兴宁县，4月至5月中旬连续40多天的干旱，竟然使宁江河也为之断流，其余池湖沟渠处处龟裂，干枯的稻禾可以点燃起火来。

上一年的歉收，这一年的干旱，全省大部分地区已经连续三造失收。饥荒的魔影开始向数千万广东民众逼近。

然而面对此情此景，国民政府的赋税征收不仅没有丝毫的减少，反而变本加厉起来。在“配合战时财政各种需要”的口号下，广东省在全国各省田赋征实征购工作竞赛中已连续两年超额完成规定的任务。据报道，到1943年2月25日，广东已征起1942年度征实征购任务251.4万石粮食，超出定额1.4万石。而战时广东全省平常年份年产稻谷也才1080万石（沦陷区除外）。为此，广东省得到了国民政府财政部的通电嘉奖。在一个饿死几十万乃至数百万人口的省份，这份“光荣”后面是什么就可想而知了。

事实上自1941年赋税改为征实以来，大多数粮户因为不能自给，往往还要到市面上去购谷纳赋。而当这些粮户陷入绝境之时，政府却在减轻人民负担的名义下继续征收，而且是“依期开征，严令如额征足”。征收的数额虽然经过所谓的核减，实际仍高达220万石（每亩征实2.5斗，征购2斗）。其中又有90万石的征购额是以1942年征价即每石90元的价钱付给农民的，而此时市面米价早已经涨到每石上千元乃至四五千元。这90元中，又只付三成法币，另七成则以蓄储券代替。

行同劫匪的田赋征收，就这样在每一个饥饿的乡村肆意地进行着。揭阳就是一个最典型的例子。自2月以来，这里的灾民们就只能以草根充饥。5月时，这个产米之乡已饿殍载道，新京、城圩还发生多起饥民抢食事件，斗米涨至700元。而国民政府却仍在揭阳起征17余万石粮食，以90元1石的价钱征购的稻谷将以十几倍的价钱在市面发售。目击此情的记者不禁愤然道："地方当局为其地位与官要紧，殊不惜灾民饿死，以勒诈之资尽行献媚。"

本来，在广东这个人多地少的省份，缺粮二字似乎并不是什么可怕的字眼。抗战之前，依靠大量的侨汇和发达的商业，这里每年都要从外省及海外进口千万石米粮接济。但是自从日本占领香港、东南亚及广东沿海各地以来，外来米源已然断绝。与此同时，生活在东南亚的几十万华侨，也在日军的驱逐和迫害下纷纷返回广东家乡，尤其是侨胞最多的潮汕地区，战时人口激增，粮食供应愈加紧张起来。1943年，原来商定的潮梅与闽赣盐粮互市，又以种种原因而停顿。缺粮终于变成了粮荒。在沦陷区，大米每斗从原来的10～20元涨至300～400元，有些地方涨至600～700元。国统区（当时叫自由区）也迅涨至100多元，最高时达500多元。

这时，有钱有势的富商大户甚至政府官员、军官，乘机囤积居奇，大发饥荒财。而且由于沦陷区的粮价远远高过国统区，这些唯利是图者便纷纷将粮食从国统区走私到沦陷区，有的甚至为此而动用军队，实施武装护送。1943年2月，阳江县发放公粮时，科长陈绍文即串通派往放粮的科员冯才翰勾结奸商，将公粮大批买走运出，接济日伪驻军，数日之内即放出数千石，致使本地粮价突涨。虽然陈、冯事后被枪决，但其他地方还不知有多少个陈绍文和冯才翰。

一位正直的美国友人，对国民政府广东当局内部的种种劣迹，曾经进行了无情的揭露。他指出：

> 尽管未被敌占的广东受灾最早，一直处于水深火热之中，而大米却被该省各地区的一小撮囤粮户走私贩运出去了。政府和军队的长官们为谋私利，榨取饥饿线的人民手里的大米，卖给敌人，因而饿死了一大批人。如此勾当，在以后持续两年的灾荒中从未中断。这就把本地区残存的一点抗战士气一扫而空了。也许这就是日本人出高价买米的原因。

为保证粮食供应，国民党政府也曾下令各地县政府及国民党党部、驻军和地方团体，“抢购第一线及敌境粮食”，结果却使当地的粮价飞涨。而他们用来抢购粮食的资金，又主要来自银行的侨汇。颇具讽刺意味的是，当时中国驻加拿大总领事，为使广东侨眷渡过难关，费尽周折，才使加拿大取消了华侨汇款每人不得超过25加元的限制。可谁能想到这些侨眷赖以救命的一笔笔侨汇，竟然这样被冻结“借用”了呢？就是到手的少量侨汇，经过国民政府虚假兑率——国民党中央人为确定的比率是1美元兑换20元法币（而实际比率已接近1∶80）的一番无情盘剥之后，也已经所值无几了。

侨乡人民同样陷入了绝境。

万幅“死亡图”

到1943年3月，天灾人祸夹击之下的广东，开始出现大面积的饥荒。

人们先是吃薯叶，吃青菜，进而吃粗糠，吃野菜。迄至草根、树皮都被抢食一空时，经不住饥饿和疾病折磨的灾民便开始大量地死去。

曾经目睹这场人间悲剧的蔡廷锴将军，在他的自传中追忆说：

在曲江住了数天，即沿公路经连平至兴梅转惠来、海陆丰，沿途灾民结队而行，马路两旁僵尸甚多，老幼在途中行将饿死者亦不少。查各地饿死人数，惠来12万，陆丰8万，海丰5万，普宁3万，揭阳、潮安等县因近沦陷区，不知确数，统计各属（西江不在内）已饿死约50万人。在饿病中无医无食行将就死者，约20余万人。返往闽、赣、湘已登记者50万人。岭东大约如此。西江四邑方面只台山一县，饿死者约占人口3/10。广府以顺德为最惨，全县人口约60万，除逃荒二成外，生存者已不及半数。

蔡将军所不清楚的沦陷区，饥民的命运更加悲惨。1946年刊印的《潮州府志》是这样记载的：

海门居民以捕鱼为业，沦陷后渔船或沉或毁，所存十无二三。而复不得自由出海谋生，饥死者已多，但是夏饥馑死尤众。各善堂收埋于莲花峰下红山窠，凡一万一千余具。时棺木袋席俱尽，鹑衣裸葬，草草掩盖，枕藉若积薪，惨不忍睹。其流落死他乡者尚不计也。至若沦陷区域达壕灾情严重，死者万余人，占人口1/3。有万人冢千人冢各一，皆当日丛葬之所。庵埠饿死亦数百人，其后死者皆裸葬。是时汕头检疫之政甚严，故路死者皆不敢认，甚或家人乘夜抬尸抛弃海中，盖亦惨极人寰矣。

不甘坐守待毙的灾民，有的沿途抢食，有的落草为匪。但更多的还是像蔡将军曾经看到的那样，走上了颠沛流离的逃荒之路。只是由于日寇的封锁截断了南洋的去路，他们便开始了前所未有的从沿海向内地的大迁移。仅在潮汕一角，就有30余万人长途跋涉向内地逃荒。其中的一部分逃向福建的平和、诏安、云霄、南靖、永安、上杭等地，绝大多数则涌向传闻有荒田可耕的江西泰和、兴国、瑞金等县。

当时，国民政府在江西省设立了难民收容所，然而从潮汕到江西，往往要奔波六七百公里的路程。这些灾民，又饿又病，身体虚弱不堪，再加上扶老携幼，往往需要半个月左右的风餐露宿，才能到达目的地。所以，人们最终在江西收容所登记簿上所能见到的，也就几万人而已。大部分灾民实际上滞留于中途。5月16日《大公报》发自灾区的报道说，在兴宁滞留的难民有6万余人，在梅县有3万多人，沿途到处是饿殍。

面黄肌瘦的难民无以为生，就开始卖妻鬻子。沿途的投机商人，竞相贩卖人口以牟利。有人甚至在赣南筠门岭设有站点，专门收容青年妇女，贩卖给瑞金、会昌一带的大户为妾为婢。可是卖的人多了，价钱也随之下跌。青年妇女一般只要四五十元。后来即使贱价出售，也找不到买主。灾民们还被迫将幼婴抛弃路旁，一任奄奄待毙的婴儿在死尸间蠕动、挣扎。

人吃人，这个在华北大饥荒时期司空见惯的现象，如今在素称富饶的鱼米之乡，也已见怪不怪了。整个广东都充斥着人吃人的恐慌。

在澳门，茶楼的早茶中会出现小孩指头，不少饭店在出售人肉饭菜，街头肉档则在黄昏时以每块半角钱的价格兜售人肉做成的烤肉，而失踪小孩的家人千辛万苦地寻找之后，会发现自己的心头肉竟然变成了别人的口中食。整个澳门，被警方抓获的此类杀人卖肉犯就有 50 多人。

日寇铁蹄下的香港甚至出现了“杀人魔鬼”。一个叫陈炳新的商人，数月之内，共屠杀儿童 50 余名。手段之残酷，闻所未闻。

汕头的一班歹徒，则以临时客栈招徕旅客。其中较为肥胖的，第二天就会变成马肉被出售。惠来县有一对夫妇，将育婴堂弃婴屠杀煮熟，作为乳猪肉卖。

在台山县，流氓无赖用饼饵引诱街上流浪的小孩，然后把他们杀死当果子狸肉出卖，两元一碗。这些都是被破获的案子，而第二天就消失的无数路旁弃婴，他们的命运不问可知。就连许多做父母的，也因耐不住饥饿的折磨而不得不杀食亲生子女，惠来、陆丰就发现好几起这样的案子。面对法官的审问，这些饥民哭道“有什么办法呢？”

时任广东省主席的李汉魂谈及此事时，有点不大以为然：“人吃人的事情，似乎有意夸张和渲染。”然而仅仅这些已知的例子，就足以骇人心魄了。

如此救荒

灾象甫现之时，广东不少有识之士及各地粤籍人士曾经奔走呼救，并批评广东省政府措施不力。但所有这些建议，无不泥牛入海，不少人还被扣上“汉奸”“共党”的帽子。后来，重庆中央政府在粤籍党政首脑的呼吁下，不得已派遣专员前往视察，携款救灾。为了掩饰灾情，广东省政府在勘灾专员下榻曲江时，居然下令警察局将流浪在街头上的灾民统统拘留，而且水米不供，任其坐以待毙。

纸毕竟包不住火。成千上万人口的死亡和逃荒，很快引起社会的剧烈动荡。国民党广东当局越来越迫切地感受到事态的严重性。1943年3月1日，一项《广东省粮食救济民食计划方案》正式出台，其中除了抢购接近前线及沦陷区粮食并加强粮食封锁外，还有实施粮食限价、移民垦荒等。以后又陆续颁布其他一些应急措施。

经多方努力和社会各界的支持，广东省政府先后筹得款项约计4157万余元。这些款项的来源和去路大致如下：潮梅两属各筹500万元，惠属筹300万元，向余粮县及邻省购粮接济；国民党中央政府拨款500万元（由广东先行垫付），在江西泰和设立移民招待所；英国援华会捐款3000镑，连同政府补助共47.5万元，加上青年会救济费40万元，办理西江四邑急赈。此外尚有美援华会拨款250万元，广东军政首脑余汉谋、李汉魂各捐10万元以及孙科、邹鲁、吴铁城组织的广东旅渝同乡粤灾筹赈会募款2000万元。

从3月到5月，广东省政府计划调配的粮食主要有如下几项：

3月：划拨赣粮7万市担及借拨军粮2000大包紧急救济潮梅各属，供应市面需要；指定各余粮县在征存稻谷额内拨20余万石，发济台山、开平。

4月：召开湘赣粤桂四省粮政联席会议，决定三省每年济粤120万市石粮食，即行运出赣米20万市石、桂米每月3万市石救济广东米荒；调拨粤省1942年度征实征购72万市石余粮平价出售，调节民食；与湖南商定粤湘盐粮互济办法，以5万市石食盐换取10万市石米。

与此同时，余汉谋将军还发动节食救荒运动，要求军政人员每月捐米1斤，结果共得6000市石。

如果完全否定这些救灾措施所取得的成效，那显然是不符合历史实际的。至少在西江四邑，由于粮食陆续投放市场，当地米价也从每石4000多元迅速下降到2300元，后又跌至1800元。全省收养的难童难婴也有数千名，而且到7月份时，各地有能力的家庭收养的难童多达5200多名。

但是就全局而言，其所筹钱粮的微不足道姑且不去言说，就是这微不足道的种种努力本身，也并没有达到预期的效果。

如所谓的平粜，按规定是以当地价格的75%来出售的，但在市价极度高涨的情况下，对绝大多数衣食无着、身无长物的灾民来说，这依然是个天文数字。而相当一部分平粜粮，在转运和发放过程中，又被无数个大大小小的陈绍文和冯才翰中饱私囊了。官员富户竞相走私，大发饥荒财，在全国成了人们诅咒的话题。

至于移民垦殖，虽然早在 3 月份之前就已经决定实施，并在江西泰和设立招待所，规定由本省拨给移民米粮，成人每日一斤，小孩半斤，至赣州后，每人发米 5 日。不过，从沿途不时倒下的饿殍和灾民卖妻鬻女的惨状来看，大部分灾民显然没有得到政府允诺的粮食。不少到达江西的难民，也因为当地既无农具又缺粮少米无从谋生而纷纷返回。

然而等待这些返家难民的，依然是无边无际的苦难。

从 7 月开始，人们渴求的雨水又开始变得狂暴起来。北江一带，淫雨连绵，洪水泛滥，两岸尽成泽国。成群的男女老幼再次抛弃家园，源源而逃。

东江则发生疾疫大流行，在饥荒中侥幸生存下来但营养严重不足的难民，又在疾疫中悄然而逝。

更可怕的还是在饥荒中曾经“核减”的田赋，刚过 10 月，就又开始起征了，而且“不能依限缴纳新赋者，一律照案严追”。

此时此刻，各地灾民衣食无着，未受灾的人们也处在青黄不接之时，寒冬又将来临……

1943 年的广东，人民生活在绝望中。

十　汪汪潦水农民泪

——1947 年两广大水灾

八年抗战的烽火，两年内战的蹂躏，岭南膏腴之地早已面目全非。整个社会，恰如两广绵长而残破的河堤，接近崩溃的边缘。这时候，来自大自然的任何风吹草动，对正在死亡线上苦苦挣扎的广大民众来说，都有可能意味着灭顶之灾，更无论数十年未见的大水灾了。

全线崩溃

这一年一入春，两广各地即淫雨连绵。从 5 月下旬到 9 月，阴沉沉的天空更是持续四个月瓢泼不停。东江的河源和韩江的梅县，降雨量都高出了平常同一时期的 2.5 倍，北江的曲江则高出 3.5 倍，珠江的广州高出4.5倍，西江的梧州甚至高出5倍多。广西的郁江、浔江、柳江及黔水河、红水河，广东的东、西、北、韩四江纷纷暴涨，并且从6月初起即渐次进入洪水水位的峰值期。

6月9日，韩江梅县最高水位达75.20米，为历年所少见；

6月11日，东江石龙水位为110.50米，比历年最高水位仅低0.97米；

6月19日，北江清远最高水位达118.50米，比历年最高水位低1.02米；

……

很显然，这次洪水与1915年相比，不论是流量，还是水位，总体上都有一定的差距。就是各江发洪的日期，也不似1915年那样高度集中，而是互有先后。这原本是一件值得庆幸的事情。然而由于常年失修而千疮百孔的堤围，却再也阻挡不住这滔滔的洪水了。加上这年的雨季提前到来，洪水卷过之地，大部分是正待收割的稻田，所以灾情也就特别严重。只身逃出的农民，无不眼睁睁地看着这半年血汗凝成、一家生计所系的稻谷付诸东流。

广西救灾运动委员会的一份统计表明，截至7月下旬，广西省共有62个县受灾，淹没耕地630余万亩，灾民304万人。另据珠江水利局的报告，广西沿江各地，淹浸田地404万余亩，农作物损失在701万市石以上。而《大公报》的报道还透露了这样一则更加悲惨的消息——全省至少有两万余人在洪水中丧生。

在岭南一带，广西本以产米而著称。但是在上年的夏秋两季，广西各县已经惨遭水、旱、风、虫等各类灾害的袭击，并酿成空前的粮荒。而这一年洪水所到之处，又都是广西主要的粮油产地，致使全境有56个县陷入了饥荒境界。绝大多数灾民“以采掘野生树皮草根果腹，嗷嗷待哺，望救甚殷”。

广东境内灾情更为严重：全省103个县，受灾80余县，受灾乡镇572个，被淹耕地1176万余亩，被毁房屋99303间，死亡人数26158人，受灾人数415万。

从当时赈灾人员留下的珍贵照片和有关灾情描述中，我们可以看到在水灾中挣扎的广东农村社会的惨状：

东莞石龙，“洪流所及，汪洋一片，只见房屋沉浮于浑黄之巨涛中”，数万人露宿风餐；

广州郊外，灾民栖处堤上，满目凄凉；

三水县，陆地行舟，洪涛汹涌，灾民在深水中抢救残稻；

潮安县，总人口为628758人，受灾人口就达223274人，待赈的人数126674人；田亩总数400459亩，而被浸田禾就有145000亩，失收田亩102060亩。

在珠江三角洲，绝大多数农民都是靠出租劳动力为生的佃农。但他们耕作的土地却不是从地主那里直接租种过来的，而是通过所谓的“二路田主”转租而来，二路田主大都是指那些有一些资产的农民，他们往往联合起来从大地主那里大规模承租土地，每年每亩缴纳100市斤租谷。而这一部分负担显然又转嫁到了最底层的佃农身上。于是，佃农们一年所得，最多是全部收获的三成。依靠这三成收获，佃农们才苟延残喘着他们的生命。

可是水灾一来，他们租种的土地或者绝收，或者每亩只能收获稻谷一二十斤，仅是往年的1/5。这1/5中的三成怎能维持全家人的生计？在沿海沿江地区，灾民们还可以到海里捕鱼充饥，到野外砍柴草以取暖，或者帮二路田主做工得到一顿两顿。但更多的灾民，则只能避之山地，挖掘草根野菜以果腹，或者痴立屋顶，等待着洪水退去，等待着救济，也许，等待着死亡。

在此非常时刻，政府的田赋却照旧征收，且规定1946年的欠赋，只有收获不及二成者可以暂缓催征，其余“即行照案补征，毋任观望滞纳”。而所谓的“暂缓催征”，也只有在勘报核实之后，才允许在补收欠额内减除，也就是照旧征收了。至于本年应缴赋谷，也同时起征。可怜的农民，无望地在深水中打捞着哪怕最后一颗救命的粮食。耕田的人没饭吃，织布的人没衣穿，天灾人祸给农民留下的，就只有赤裸裸的身子了。

赈济：官样文章

面对大面积灾况，忙于“绥靖”“清乡”和内战的国民党政府，也不得不采取一些救灾措施。在广西，成立了“救济运动委员会”，在广东，成立了“紧急救济委员会”。

然而两广的地方财政和当时的全国各地一样，都被紧紧地捆绑在蒋介石的巨大战车之上，而且同样深陷于急剧通货膨胀的旋涡之中无以自拔。所以，这个“紧急救济委员会”所要做的第一件事，就是紧急求援：向中央要钱，向地方要钱，向旅居外地的同乡和海内外同胞要钱。他们也推行了一些惯常的措施，诸如要求各县发放乡仓积谷、劝谕大户献粮借粮、号召慈善团体及族姓尝谷（广东乡间祠堂的租谷）散赈，不一而足。他们还制订了庞大的善后计划，根据这一计划，他们除了要发放种子赶播秋耕、大量发放农贷之外，还要大规模修复水毁工程，兴办农工福利事业。

遗憾的是，广东省紧急筹措的各方救济款，迄至7月12日，也才不过40亿元左右，与预计所需的最低用款2900亿元相差甚远。而且时日既长，效率低下，以致“往往赈款既集而情形变更，真正之灾黎，或多以流亡，罕蒙其泽，或杯水车薪，受惠无多”。

不仅如此，许多救灾官员还乘机大饱私囊，将赈款“变黄金，变港纸，好似变戏法一般，五花八门”。对此，人们悲愤交加：“等待着尔变得通的时候，灾民想也不等尔了，因为灾民可能完全呜呼哀哉了。”就连赈灾会往往也积压赈品，为己牟利。广东省政府甚至以“患贵防于未然，灾宜赈于初发，事过境迁，何济于事”为由，公然扣压海内外赈款，将大部分资财挪移为所谓的“防灾之建设”，后来，由于飞涨的物价，赈款几乎化为乌有，此是后话。

一些民间慈善团体的赈灾人员在中山县灾区的所见所闻，为官府的救灾成效提供了活生生的注脚。其时，映入眼帘的尽是面黄肌瘦的儿童，有不少因患水肿病，“其腹如鼓，敲之有声”。当询问灾民领过多少机关团体的赈品时，灾民的回答是：“哪里有？”虽然有的地方由当地大耕户施过粥，或由祖尝（宗族祠堂财产）拨款施米，却也不过一天两天即完事大吉。交通较为发达的中山县如此，更无须想象那些山高皇帝远的偏僻之地了。

官方赈灾的腐败，使外地慈善团体纷纷决定将筹得的钱米直接运往灾区散赈。他们认为，“直接散赈，则灾民受惠易，间接发放（经紧急救济会之手），则灾民沾润难”，言外之意自明。例如在广州成立的“中山旅省同乡救灾会”，就将香港人士捐助的钱粮直接散发到灾民手中，受灾男女，每人派米1.5市斤，派款5000元，小孩每人派米1市斤，款2500元。然而民间零星的散赈，毕竟只是杯水车薪。香港东华三院为广西筹措了15亿元赈款，可是因为距离太远，而且人地不熟，只好交由当地救灾会承办，结果如何就不得而知了。

水利：虚张声势

损失惨重的大水灾，再一次引起了岭南有识之士的深刻反思。一位广东人士指出：

若说天祸难逃，毋宁说人谋不臧，因为广

东全境，从没享受过“风调雨顺”的丰年……水利种种老调，不知听厌了多少；善长仁翁，虽说“为善最乐”，做完就罢，到底根本防潦方法，还没有想动实干。

不能说当时的政府没有注意到水利问题。自1914年设立广东治河处以来，即先后制订了修筑三江防洪堤、浚通广州进口水道等计划，只是因为经费问题变成一纸空文。1929年后，国民政府每月拨给治河费25000元，还从中英庚款中借得40万元修筑高明高要13处围。

抗战爆发后，虽然限于战争条件只能办理一些修堤工程，但修防费还是逐年递增，从最初的30万元增加到后来的200万元。而且早在1941年抗战胜利还远远未见曙光时，珠江水利局就已编制了《战后粤省水利建设计划1945年》，预算为2.3亿元。

1945年，抗战是终于胜利了，但抗战胜利带来的喜悦很快就被无边无际的苦难淹没了。在广州——

祸国殃民的汉奸，敌伪产业的侵蚀，救济物资的分赃，赋税扣折的骗取，违法乱纪，贿赂公行，囤积居奇，与民争利，上行下效。这等人兽相食的行为，灭绝天理的勾当，何止一宗，往昔所无，于今为烈。

在这种情况下，人们期之殷殷的水利规划，大多胎死腹中。战后侥幸实施的大部分水利工程，其质量也因为物价的急剧上涨和各级大小官员的中饱，而实际上不堪一击。

惠阳县属的马鞍围，1946年12月兴工，1947年5月11日完工，动用人力90万，耗资15亿元，“成誉为我国著名水利工程之一”，完工之日，还举行了大张旗鼓的剪彩仪式。可是在随后不久的洪水袭击之下，这座“著名水利工程”却如同豆腐渣一般土崩瓦解，汪洋大水立刻淹没了本以为可以借此保障的田园庐墓，以及生活于其间的芸芸众生。

这年洪水退后，“痛定思痛”的广东省政府声称投入的水灾善后工程费有2656亿元之巨，香港东华三院捐助修堤款项也多达1600亿元。相比战时的预算，为数不为不巨。但由于物价的剧烈波动，这笔巨额款项很快就损失了70%以上。而政府所谓的贷款修堤，实际上无异于趁火打劫，因为按照规定，农民每贷款50万元，须于3年后还谷100斤。工赈的堤工，则每日给工资8000元，可依当时的物价，仅能买米4两。所以时隔不久，各江修堤工程即几乎全部停顿。

第二年，广东堤工委员会报告说，半年之内共修筑围堤550公里，保护可耕地160余万亩。事实上，就在这一年，广东省也没有摆脱水灾之患，受淹达24个县近300个乡镇。第三年即1949年，广东、广西再次发生大洪水，总计被淹农田590余万亩，灾民370余万人，另有7万余人葬身鱼腹。水利工程成绩中究竟有多少官样文章，人们自可想象。

这一年水灾发生后，社会各界纷纷猜测着时局的变化，认为“父老相传，粤大抵三十年一次水灾，前度大灾，为民四乙卯（即1915年），后一年而袁贼死；三十二年（1943年）旱灾，不足二年而倭寇清除”，1947年洪水，大概预示着国民政府的结束吧。虽然这不过是一种附会，但对那些既得利益的当权者来说，毕竟不幸而言中了。

历史终于翻开了新的一页。